불안할 땐 뇌과학

불안하고 걱정하고
예민한 나를 위한
최적의 뇌과학 처방전

불안할 땐 뇌과학

캐서린 피트먼 · 엘리자베스 칼 지음 ─ 이종인 옮김

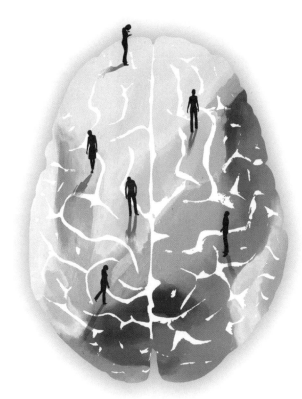

Rewire
Your Anxious Brain

현대
지성

쉽게 예민해지고 뜬금없이 불안할 때
"이래서 그랬구나!" 고개를 끄덕이게 하는 책

하지현 _정신건강의학과 전문의, 『고민이 고민입니다』 저자

"누구나 다 불안해", "좋은 생각 많이 하면 돼", "의지로 극복할 수 있어."… 당해보지 않은 사람이 신경 쓴다면서 흔히 하는 말이다. 하지만 불안은 의지의 문제가 아니라 (뇌를 통해 느끼는) 안전감의 문제다. 내가 아무리 마음을 평온하게 하려고 해도, 배가 흔들리면 멀미가 날 수밖에 없듯 우리는 주변 환경에 따라 쉽게 요동하며 불안해진다.

인간은 불안 감지 시스템을 둘로 구분해 따로따로 발전시켰다. 하나는 예측하고 판단하고 대응하는 '피질'이고, 다음으로는 싸울지 도망갈지를 자동 감지하여 스스로 자율신경계를 작동시키는 '편도'이다. 저자는 이 둘의 특징에 따라 우리의 불안 반응을 정확히 구분하도록 돕는다. 내가 걱정이 많아 불안해하는지, 나도 모르게 몸이 먼저 반응해서 불안해지는지… 각각에 맞춰 대응하는 방법이 무척 다르기 때문이다. 80개의 공감 가는 사례와 일상에서 적용 포인트를 찾게 해주는 체크리스트를 실생활 훈련을 통해 따라가다 보면 내가 어떤 타입인지 금방 알 수 있다.

특히 저자는 활성화된 편도를 진정시키는 것에 집중한다. 불안 유발요인인 트리거를 찾아내고, 힘들지만 불안 상황에 자기를 노출해야 서서히 과도한 반응을 줄일 수 있다. 편도를 둘러싼 뇌 배선이 재구성되고 올바른 방향으로 활성화되면 불안에 민감하던 뇌는 안정적으로 반응하기 시작한다.

큰 개에게 놀란 강아지에게는 좋은 말로 위로하기보다 안전한 곳으로 옮겨서 꼭 안아주는 것이 최선이듯, 사람도 편도가 활성화된 상황에서는 아몬드만 한 작은 기관의 흥분이 사라지도록 하는 것이 어떤 말보다 효과적이다. 평소에도 쉽게 예민해지고 뜬금없이 불안해지는 사람이라면, 한번 불안해지면 어찌할 바를 모르는 독자라면, 이 책을 통해 자기 뇌 속의 회로를 살펴보고 '아, 이래서 내가 그랬구나' 하며 고개를 끄덕이게 될 것이다. 불안이 일어나는 메커니즘을 상세히 알려주고 실용적인 해결책까지 준다.

***

두려움에서 공포증과 공황에 이르기까지, 이 실용적인 안내서는 온갖 근심 걱정에 빠지게 하는 뇌의 수수께끼를 풀어내고, 회복력 있는 삶으로 이끄는 여러 전략을 구체적으로 소개한다.

리드 윌슨 _박사, Don't Panic 저자

이 책은 불안에 시달리는 사람들이 일거에 불안을 극복하는 방법을 제시한 멋진 자기계발서다. 저자들은 유려한 필치로 뇌의 작용을 설명하는데 오로지 환자의 불안을 덜어주겠다는 일념으로 이 책을 써나가고 있다. 신경과학 지식은 전통적으로 사람들의 당황, 두려움, 수치심 등의 불안의식을 완화하거나 극복하는 데 좋은 뒷받침이 되어 왔다. 이 책은 그중에 서로 다른 뇌의 회로에서 비롯되고 유지되는 불안 패턴을 수정하는 방법을 알려주는데, 간단하고 논리적이어서 한번 읽는 것만으로도 큰 도움이 될 것이다.

샐리 윈스턴 _심리학 박사,
메릴랜드 불안 · 스트레스 장애협회 공동 이사

불안할 땐 뇌과학

두려움, 걱정, 불안, 공황장애, 우울증은 개인의 건강한 일상생활을 방해한다. 이 책은 뇌가 어떻게 불안을 유발하는지 탁월하게 설명하면서, 개인이 증상을 통제하고 알차게 살아가는 방법을 알려준다. 나는 외상후스트레스장애(PTSD)를 겪는 참전 용사들을 치료하며 이 책에서 제시한 여러 기법을 활용했고, 그 결과 환자들은 훨씬 더 건강한 신체를 되찾았다. 이 책을 강력히 추천한다.

수잔 마이어스 _공인간호사, 전문임상사회복지사

노련한 임상심리학자이며 행동과학자인 캐서린 피트먼은 개인적 경험의 세계에서 벌어지는 공포와 불안에 대하여 통찰력 있고 심오한 과학적 지식을 제공한다. 이렇게 전문적인 내용을 아주 쉽게 설명하여 대중에게 내놓을 수 있는 학자는 얼마 되지 않는다.

독자는 이 책의 초반부, 뇌 구조를 설명하는 부분에 관해서도 편하게 읽어나갈 수 있다. 그 내용이 놀라울 정도로 읽기 쉽고 유익하기 때문이다. 더욱이 이 부분은 불안으로 고생하는 독자들이 효율적인 대응 전략을 발전시킬 때 단단한 이론적 토대가 된다. 이 책을 읽으면 불안이 어디에서, 왜, 어떻게 발생하는지 분명하게 알게 되어 불안을 잘 관리할 준비가 된다. 지금 불안 증세로 고생하면서 자신의 불안을 완화하거나 해소하기를 바라는 사람이라면 반드시 읽어야 할 책이다.

브루스 오버마이어 _박사,
미네소타 대학교 심리학 · 신경과학 · 인지과학 대학원 명예교수

불안이나 공포에 시달리면서도

그런 고통을 헤쳐나가기 위해

날마다 용기를 발휘해야 하는 아이와 어른 모두에게

이 책을 바친다.

그들이 원하는 삶을 살아가는 데

이 책이 작은 역할을 해주길 바란다.

차례

제1부 🧠

불안을 느끼는 뇌에 대해 알아야 할 최소한의 지식

제2부 🧠

편도체 기반 불안의 통제

제3부

피질 기반 불안의 통제

불안에는 두 개의 통로가 있다

사례1

어느 날 당신이 차를 몰고 출근길에 올라 신나게 고속도로를 달리고 있는데 마음 한편에 덜컥 의심이 난다. 집에서 난로를 끄고 나왔는지 갑자기 헷갈리는 것이다. 마음속으로 이른 아침부터 지금까지 어떻게 시간을 보냈는지 복기해보지만, 확실히 껐는지 여전히 분명하지 않다. 평소와 마찬가지로 껐을 가능성이 높지만, 그게 아니라면? 불붙은 난로 이미지가 갑자기 머리에 떠오르면서 불안은 커지기 시작한다.

바로 그때 앞차 운전자가 급하게 브레이크를 밟는다. 당신은 본능적으로 핸들을 꽉 움켜쥐면서 브레이크를 세게 밟아 가까스로 추돌을 피한다. 온몸이 치솟는 에너지로 긴장하고 심장은 미친 듯 쿵쿵거리지만, 위급 상황에 제때 반응해서 달라진 건 없다. 당신은 깊은 안도의 한숨을 내쉰다. 큰일 날 뻔했다!

위 사례에 등장하는 불안은 우리 주변 어디서나 찾아볼 수 있다. 〈사례 1〉에서 벌어진 사건을 면밀하게 살펴보면 불안이 시작되는 무척 다른 두 가지 방식이 있음을 알 수 있다. 불안은 우리가 머릿속으로 상상하는 바를 통해 생길 수도 있고, 또 환경에 대한 우리의 반응으로 시작되기도 한다. 이것은 불안이 대뇌피질(cortex: 이하 '피질') 그리고 편도체(amygdala)라는 서로 매우 다른 두뇌 속 두 영역에서 시작되기 때문이다. 이런 사실은 신경과학 분야(간단히 말해 뇌를 포함한 신경계 구조와 기능을 연구하는 학문이다)에서 오랜 세월 진행되어온 축적된 연구 결과 덕분에 알려졌다.

앞서 제시한 〈사례 1〉에서 머릿속으로 상상하는 불타는 난로와, 바로 앞차가 급정지하는 바람에 차 브레이크를 밟는 본능적 행동을 숙지하기 바란다. 이 두 가지는 이 책의 핵심 주제이며, 근본적인 원칙을 분명하게 보여준다. 뇌가 불안을 발생시키는 두 가지 독립된 통로에서 그런 상상과 반응이 나오며, 각 불안의 통로에 관하여 제대로 알고 있으면 불안을 제거하는 데 최대한 효과를 거둘 수 있다(옥스너 등 2009, 연구자들의 자세한 출처는 〈참고 문헌〉에서 이름과 연도로 확인할 수 있다—편집자). 〈사례 1〉에서 불안은 난로를 켜둔 채 그대로 두면 위험하다는 생각과 이미지에서 오는데, 이것은 '피질 통로'에서 발생한 불안이다. 또 다른 불안 통로는 편도체인데, 이 불안 정보는 편도체에서 직접 나왔으므로 당사자에게 즉각적인 행동을 유도했고 그리하여 앞차와의 충돌을 간신히 피할 수 있었다.

우리는 피질과 편도체의 두 가지 통로를 통해 불안을 경험한다. 몇몇 사람은 불안이 주로 하나의 통로에서만 발생한다고 생각한다. 하지만 불안에는 두 가지 통로가 함께 영향을 미치며 우리는 가장 효율적인 방식으로 이 둘을 다루어야 한다. 이 책의 목적은 두 통로의 차이를 설명하고 불안이 각 통로에서 어떻게 생성되는지 보여주고, 각 통로에서 신경 회로를 수정하는 실용적인 방법을 제공하여 독자의 삶에서 가능한 한 불안을 제거할 수 있도록 하려는 것이다. 따라서 불안을 야기하는 두 통로를 부분적으로 수정하여 앞으로 불안이 덜 발생하도록 하는 여러 방법을 알려주는 구체적 사례들을 제시한다.

불안에 관해 밝혀진 새로운 지식

불안은 두려움과 비슷한 복잡한 정서 반응이다. 불안과 두려움 모두 비슷한 두뇌 과정에서 발생하고, 비슷한 심리 반응과 행동 반응을 유발한다. 또한, 둘 다 동물들이 위험에 대처할 수 있도록 도와주는 뇌 영역들에서 생겨난 것이다.

그러나 두려움과 불안은 엄연히 다른 감정이다. 두려움은 일반적으로 분명하고, 현존하고, 인식 가능한 위협과 관련되어 생기지만, 불안은 구체적 위험이나 대상이 없는 상태에서도 얼마든지 발생할 수 있다. 다시 말해 우리는 실제로 어떤 구체적인 곤경에 처했을 때 두려움을 느낀다. 예를 들면 트럭이 중앙선을 넘어 내 차 앞으로 달려들 때 같은 경우가 그렇다. 이에 비하여 무섭거나 불편한 느낌이 있을 때 우리는 불안을 느끼지만, 그렇다고 실제로 당장 무슨 위험이 오는 것은 아니다.

누구나 두려움과 불안을 경험한다. 각종 사건이 벌어지면 우리는 위험을 느낀다. 예를 들면 강한 폭풍이 집을 뒤흔들거나 처음 보는 개가 우리를 향해 짖으면서 달려오면 겁이 난다. 아내를 혼자 집에 두고 먼 곳으로 출장 와서 불현듯 집의 안전을 걱정할 때, 밤늦게 이상한 소음이 들려올 때, 혹은 직장이나 학교에서 다가오는 마감일 전까지 끝내야 하는 일들을 생각할 때, 우리는 불안을 느낀다. 많은 사람이 자주 불안해하며, 특히 스트레스를 받고 있을 때는 불안감이 더욱 커진다. 이것은 일상생활 속에서 누구나 느끼는 건강한 스트레스이다.

하지만 불안이 일상생활의 중요한 부분을 제대로 수행하지 못하도록 방해한다면 그건 심각한 문제가 된다. 그런 경우 우리는 불안을 적절히 단속해 통제할 수 있어야 한다. 불안에 잘 대처하여 우리 일상생활을 가로막는 일이 없게 해야 하며, 그렇게 할 수 있는 방법을 터득해야 한다.

불안이라는 감정은 여러 가지 놀라운 방식으로 사람들의 삶을 제약하고 불편하게 한다. 그런 방식 중 상당수는 마치 원인이 다른 데 있는 것처럼 보일 수도 있다.

사례2

어떤 사람들은 깨어 있는 모든 순간, 걱정에 시달리는가 하면, 밤에 잠들기 힘들어하는 사람도 있다. 어떤 사람은 집을 나서는 것을 힘겨워하는 반면 다른 어떤 사람은 공개 석상에서 말하는 것을 지나치게 두려워해 직장 생활을 위협할 정도까지 간다. 어떤 초보 엄마는 이른 아침에 몇 시간을 들여 일련의 의식을 완료해야 겨우 아이를 베이비시터에게 맡길 수 있다. 어떤 십 대 소년은 토네이

불안할 땐 뇌과학

도에 집이 파괴된 후 계속 떠오르는 악몽에 괴로워하다가 학교에서 동급생과 싸움이 나서 정학을 당한다. 배관에서 커다란 거미를 보게 될까 봐 걱정하는 배관공은 그로 인해 일을 제대로 일을 할 수 없어 수입이 줄어들고 가족을 제대로 부양하지 못할 지경이 된다. 어떤 아이는 학교에 가는 걸 주저하고 교사와 이야기하는 것도 꺼려 교육을 제대로 받지 못한다.

이런 행동 배후에는 모두 불안이 도사리고 있다. 불안은 삶의 여러 기초적인 활동을 못 하게 만드는 무서운 감정이지만, 그래도 불안에 대처하는 요령을 적절히 터득한다면 온전히 즐거운 삶으로 다시 돌아갈 수 있다. 자신이 겪는 곤경의 원인을 이해한다면, 다시 일상생활에서 자신감을 찾을 수 있고 더 나아가 자기 자신에 대하여 더 좋은 느낌을 가질 수 있다. 이렇게 적극적으로 대응할 수 있게 된 것은 불안을 만들어내는 두뇌 구조에 관한 지식이 최근에 폭발적으로 증가했기 때문이다.

지난 20년 동안 불안의 신경학적 토대에 관한 연구는 전 세계의 다양한 실험실에서 진행되어 왔다(디아스 등 2013). 동물 연구를 통해 두려움의 신경학적 토대에 관한 세부 사항을 새롭게 알아냈다. 위협을 발견하고 보호 반응을 일으키는 뇌의 신경 회로도 확인했다. 동시에 자기 공명 기록법(MRI: Magnetic Resonance Imaging)과 양전자 방출 단층 촬영(PET: Positron Emission Tomography)과 같은 새 기술은 다양한 상황에서 인간의 뇌가 어떻게 반응하는지 상세한 정보를 제공했다. 이러한 자료들을 검토, 분석, 종합하고서 신경과학자들은 이 새로운 지식 덕분에 동물 연구와 인간 연구 사이에 상호 연관을 지을 수 있게 됐다. 그 결과 이제 두려움과 불안의 원인에 관한 명확한 그림을 파악했고, 기존의 지식을 능가하는 불안 관련 지식을 새로 확보하게 되었다.

이런 연구들은 무척 중요한 사실을 밝혀냈는데, 즉 뇌에서 사실상 별개의 두 통로가 불안을 생성한다는 점이다. 한 통로는 뇌의 커다랗고 구불구불한 회색 부분인 대뇌피질(cerebral cortex)에서 시작되고, 일상생활 속의 여러 상황에 대한 우리의 인식과 사고를 결정한다. 다른 통로는 편도체(amygdalas)를 통해 이동하는데, 편도체는 뇌 좌우에 하나씩 있는 두 개의 아몬드 형태 조직이다. 편도체(두 개이지만 보통 단수 취급)는 지구상에 척추동물이 생겨난 이래 사실상 변하지 않고 세세손손 전해진 아주 오래된 두뇌 조직으로, 척추동물의 투쟁 혹은 도주(fight-or-flight) 반응을 일으킨다.

대뇌피질과 편도체, 이 두 가지가 불안을 만들어내는 두뇌의 두 통로이다. 몇몇 유형의 불안은 피질과 더 관련 있지만, 다른 유형의 불안은 직접적으로 편도체에서 발생한다. 지금까지 불안에 대한 정신 치료에서 치료자나 환자의 관심은 보통은 피질 통로에 집중되었다. 이에 따라 불안을 일으키는 사람들이 '생각을 바꾸고 불안에 논리적으로 대응하게 하는' 치료 방법이 널리 활용되었다. 그러나 점점 늘어나는 연구는 불안이 어떻게 생성되며 어떻게 통제할 수 있는지에 관해 더욱 완벽한 그림을 파악하려면 편도체의 역할을 더 심층적으로 이해해야 한다고 주장한다. 이 책은 피질과 편도체의 두 통로를 상세히 설명함으로써 불안의 전모를 파악하고, 그 기원이 피질이든 편도체든 불안을 제거하는 방법을 알려준다.

편도체 통로에 주목하라

아마도 피질이라는 단어는 익숙할 것이다. 두개골의 가장 높은 부분에 자리 잡은 두뇌의 한 영역으로 피질은 뇌의 생각하는 영역이다. 몇몇 학자는 인간을 동물이 아니라 사람으로 구별 짓는 핵심이라고 말한다. 피질은 사람이 논리적으로 생각할 수 있게 하고, 언어를 구사하게 하며, 논리학과 수학 같은 복잡한 사고에도 관여하기 때문이다. 커다란 대뇌피질을 지닌 동물 종은 다른 종보다 더 지적이고 똑똑하다.

피질 통로를 주 공격 대상으로 삼는 불안에 대한 치료법은 여러 가지가 있으며 보통 '인지'(cognitions)에 집중한다. 인지는 사람들이 "생각하기"라고 말하는 정신 작용을 가리키는 심리학 용어다. 피질에서 비롯되는 생각은 불안의 직접적인 원인일 수도 있고, 그래서 불안을 가중하거나 감소시키는 효과를 지닌다. 많은 경우, 우리의 생각을 바꾸면 불안을 일으키거나 조장하는 인지 작용을 사전에 막아낼 수 있다.

반면, 편도체는 전혀 다른 통로다. 편도체는 크기는 작지만 여러 다른 목적에 봉사하는 수천 가지의 세포 회로로 되어 있다. 그 회로는 사랑, 유대, 성적 행동, 분노, 공격성 그리고 두려움에 영향을 미친다. 편도체는 상황이나 대상에 정서적 의미를 부여하거나 감정 기억을 형성한다. 그런 정서와 감정 기억은 긍정적일 수도, 반대로 부정적인 것일 수도 있다.

인간은 편도체가 상황이나 대상에 불안을 부여하는 방식을 의식하지 못한다. 이는 마치 간이 소화를 돕는 걸 우리가 의식하지 못하는 것과 같다. 그러나 편도체의 정서 작용은 우리 행동에 깊은 영향을 미친다.

이 책에서 앞으로 논의되겠지만, 편도체는 불안 반응이 생산되는 핵심 부서다. 피질이 불안을 일으키거나 기여할 수도 있지만, 불안 반응을 촉발하는 상황이나 장소에는 반드시 편도체가 개입한다. 이것 때문에 불안을 철저하게 다루려면 피질 통로와 편도체 통로를 둘 다 이해해야 한다. 최근까지 불안 치료는 편도체 통로를 별로 고려하지 않았다. 그러므로 이 책에서는 편도체가 여러 경험에 어떤 식으로 불안을 부여·생성하며 기억을 만들어내는지 집중적으로 다룰 예정이다. 이렇게 하면 편도체를 잘 이해할 수 있고, 그 결과 편도체의 기존 회로를 변화시켜 불안을 최소화할 수 있다.

이 책의 제1부 "불안을 느끼는 뇌에 대해 알아야 할 최소한의 지식"은 피질 통로와 편도체 통로를 설명한다. 두 통로가 작용하는 여러 다른 방식을 설명하고, 두 통로가 서로 연결되는 방식도 살펴본다. 각 통로가 불안을 만들어내거나 강화하는 과정을 잘 알면, 그다음에는 그 지식을 바탕으로 불안과 싸우고, 불안을 예방하고, 불안을 억제하는 구체적인 계획을 세울 수 있다.

제2부에서는 편도체 통로를 변화시키는 데 활용할 수 있는 여러 전략을 설명한다.

제3부에서는 피질 통로를 바꾸기 위한 여러 계획을 언급한다. 이어 마무리 부분인 〈나가는 글〉에서 두뇌에 관하여 알게 된 지식을 잘 활용하여 불안을 더 잘 견디고 나아가 불안을 제거함으로써 더 자유롭게 살아가도록 도울 것이다

불과 며칠 만에 바뀌는 유연한 뇌

지난 20년 동안의 연구를 통해 뇌는 놀라울 정도의 신경 유연성(neuroplasticity, 신경가소성)을 갖추고 있음이 밝혀졌다. 이는 뇌가 자체 구조를 변화시키고 반응 패턴을 재편성하는 능력을 갖고 있다는 뜻이다. 과거에는 성인이 되면 머리가 단단히 굳어져서 변화되지 않는다고 생각되었던 부분조차 얼마든지 바꿀 수 있다는 것이다. 뇌에는 실제로 놀라울 정도로 변화 능력이 있음이 밝혀졌다(파스콸-리온 등 2005). 구체적으로, 뇌졸중으로 뇌에 손상을 입고 팔이 마비된 사람들에게도, 팔을 움직이기 위해 뇌의 다른 부분을 사용하는 법을 가르칠 수 있었다(토브 등 2006). 여러 특정 상황에서 시력에 동원되는 뇌의 회로를 재편성해 불과 며칠 사이에 소리에 반응할 수 있도록 능력을 발전시키는 게 가능했다(파스콸-리온, 해밀턴 2001).

두뇌의 새로운 연결 관계는 종종 놀라울 정도로 간단한 방식들을 통해서도 발달한다. 가령 운동은 뇌세포의 광범위한 증가를 촉진시킨다(코트먼, 버치톨드 2002). 몇몇 연구에 의하면, 공을 던지거나 피아노 치며 노래 부르는 등의 특정 행동을 실제로 하지 않고, 그저 생각하는 것만으로도 그런 움직임을 통제하는 뇌 부분에서 변화가 일어났다(파스콸-리온 등 2005). 여기에 더해 특정 약물은 특히 심리 치료와 함께 사용하면 뇌의 신경 회로의 성장과 변화를 촉진했다(드루, 헨 2007). 또한, 심리 치료만으로도 신경 회로의 한쪽 부분에서 활성화는 감소하고 다른 영역의 활성화는 증가하는 변화가 일어났다(린든 2006).

이처럼 뇌는 아주 유연한 구조를 갖추고 있다. 과거에 과학자를 포함해 많은 사람이 믿었던 것처럼 단단히 고정된 것도 아니며 바꿀 수 없는 것도 아니다. 뇌 회로는 백 퍼센트 유전적 특징으로 결정되는 것이 아니며, 각종 경험과 생각하고 행동하는 방식으로 기존 구조에서 수정되어 신경 회로가 새롭게 형성되기도 한다. 나이가 몇 살이든 상관없이 두뇌에 적절한 변화를 가한다면 뇌는 다르게 반응한다. 한계는 있지만, 뇌 회로의 변화와 관련해서는 놀라울 정도의 유연성과 가능성이 있다. 그리하여 심각한 불안을 만들어내는 뇌의 경향도 바꿀 수 있다.

우리는 신경 유연성을 주지시키는 한편, 또 피질 통로와 편도체 통로는 어떻게 작용하는지 상세히 설명하면서 두뇌 회로에 지속적인 변화를 일으킬 수 있도록 돕고자 한다. 그 결과 두뇌 회로를 바꾸어, 불안을 발생시키지 않고 오히려 불안을 물리치는 쪽으로 방향 전환을 할 수 있다.

불안 감소를 위한 환상 콜라보

이 책에 제시된 전략을 실천할 때는 전문가의 도움, 특히 인지 행동 치료(cognitive behavioral therapy)를 받아볼 것을 강력히 권한다. 인지 행동 치료사는 불안을 일으키는 생각을 식별하는 법과 노출 치료를 포함하여 이 책에서 제시한 여러 치료 기법을 훈련받은 전문가이다. 사회복지사 등 여러 분야의 전문가들도 인지 행동 치료에 대한 교육을 받는다. 치료사를 선택할 때 중요하게 여겨야 할 점은 치료사가 인지 행동 치료 방식에 전문성이 있는지 여부인데, 특히 노출 치료와 인지 재구성에 대하여 많이 아는 사람이어야 한다.

항불안제를 복용한다면 불안 감소 혹은 완화를 위해 현명하게 약물을 사용하는 게 중요하다. 가정의(家庭醫)가 약을 처방한다면 항불안제와 뇌 그리고 그런 약이 두뇌에 어떻게 영향을 미치는지 정신과 의사와 상담하길 강력히 권유할 것이다. 여기에 더해 정신과 의사는 전반적으로 노출 치료와 인지 행동 치료에 대하여 더 많이 알고 있으므로 큰 도움이 된다.

그렇긴 하지만 모든 정신과 의사가 이 책에서 서술한 편도체 및 피질 기반 불안 감소 전략을 훈련받은 건 아니다. 불안 치료를 받으려는 사람들은 정신과 의사가 자기 불안을 시원하게 알아차리고 치료해줄 것을 기대하고 의사를 찾아가는데, 오히려 치료 대신 약물 처방에 집중하는 것을 보면서 놀란다.

여기서 기억해야 할 건 정신과 의사가 '불안 치료사'는 아니라는 점이다. 그들은 주로 약물 처방으로 정신 질환을 치료하도록 훈련받은 사람들이기 때문이다. 다시 말해 현재 드러난 증상을 억제하는 대증 요법을 할 뿐, 불안의 원인을 제거하여 아예 불안을 없애주는 방식으로 접근하지는 않는다.

약물에 관해 정신과 의사와 이야기를 나눈다면, 단기적으로 불안을 완화하는 약과 더 지속적인 방식으로 뇌의 불안 반응을 수정하도록 유도하는 약을 뚜렷하게 구분해 쓰도록 해야 한다. 또한, 환자 자신이 현재 불안과 어떤 식으로 싸우고 있는지 설명하여 그 과정에 도움을 주는 약물을 처방받아야 한다. 당연히 정신과 의사에게 기존에 복용하던 약물을 사용하면서 느낀 부작용을 확실히 알려야 한다. 환자, 담당 정신과 의사 그리고 담당 치료사 사이의 훌륭한 의사소통은, 불안을 느끼는 뇌의 회로를 수정하는 데 큰 도움을 준다. 세 사람은 각자 처방된 약이 어떻게 작용하며 치료 과정에 어떤 영향을 미치는지 평가하는 과정에서 중요한 기여를 한다.

불안이 내 삶을 컨트롤하지 못하도록

불안의 좋은 점은 상황이나 대상을 경계하고 집중하는 데 도움이 된다는 것이다. 우리의 심장을 쿵쾅거리게 하고 경주에서 이기는 데 필요한 추가 아드레날린을 제공한다. 그러나 이런 긍정적인 효과와는 다르게 최악의 부정적 작용을 할 때 우리 삶은 아수라장이 되고 일상생활에 필요한 행동을 하지도 못할 정도로 우리를 무력한 존재로 만들어버린다.

불안, 특히 불안장애에 시달리고 있다면 그것이 삶을 얼마나 망가뜨릴 수 있는지 익히 알 것이다. 하지만 완전한 불안 제거가 현실적인 목표는 아니다. 불가능할 뿐만 아니라 불필요하다. 예를 들어 몇몇 사람에게 비행 공포증은 커리어를 방해하는 큰 제약이지만, 평생 비행기 여행을 하지 않고도 별로 영향을 받지 않는 사람도 제법 된다. 다른 수단을 사용하면 되기 때문이다. 먼저 당신의 불안 반응에 집중하라. 당신이 바라는 방식으로 살게 하는 데 그것이 빈번히 혹은 심각하게 방해하는가? 이렇게 문제를 정확히 파악하면 치료를 위한 올바른 방향으로 나아갈 수 있다.

이제 불안이나 회피가 얼마나 삶을 방해하는지 여러 사례를 생각해보자. 도움이 된다면 그런 사례를 종이에 적어두고 틈틈이 상기하자. 불안 때문에 성취에 어려움을 겪는 목표에는 무엇이 있는지 확인하자. 불안은 미래에 내릴 결정에 영향을 줄 정도로 커질 수 있으므로, 지금 당장의 일상생활 외에 여러 영역도 살펴야 한다.

물론 이런 곤란한 상황을 한꺼번에 처리할 수는 없다. 여러 번 생각한 후에, 우선해서 집중해야 할 상황을 선택해야 한다. 가장 익숙한 상황부터 시작할 수도 있고, 혹은 가장 큰 수준의 불안을 발생시키는 상황부터 시작할 수도 있다. 어쨌든 불안을 일으키는 여러 상황에 순차적으로 집중하여 불안을 줄여나가야 한다. 그렇게 해야 삶에 진정한 변화를 가져온다.

훈련 │ 불안이 전혀 문제되지 않는다면…

이 책의 핵심 목표는, 당신이 비록 불안 문제로 고생하고 있을지라도 원하는 일상을 살아갈 만한 힘을 얻어 인생 목표를 달성할 수 있도록 하는 것이다. 따라서 어떤 불안 반응을 수정할 것인지 결정할 때, 먼저 개인 목표를 신중하게 고려해야 한다. 당신의 장단기 목표는 무엇인가? 아래 문장에서 "불안이 전혀 문제가 안 된다면" 어떤 걸 하고 싶은지 상상해보자.

① _____에 대하여 큰 불안을 느끼지 않는다면,

　　 나는 _____를 할 것이다.

② 8주 안에 나는 _____를 하고자 한다.

③ 1년 안에 나는 _____를 하고자 한다.

④ 장차 나는 내 모습을 _____로 보고자 한다.

당신의 삶에 가장 큰 영향을 미치는 불안 반응을 파악했으므로, 이제 그런 반응을 바꾸는 법을 배울 준비가 되었다. 제1부에서 우리는 불안을 만들어내는 두뇌의 두 가지 통로로 시작하여, 이런 통로들에서 두뇌 회로가 어떻게 작동하는지 살펴본다. 이어 그 회로를 어떻게 우회하고, 중단시키고 혹은 변화시킬 수 있는지 알아볼 예정이다. 그것이 불안에 민감한 삶을 변화시키는 첫걸음이다.

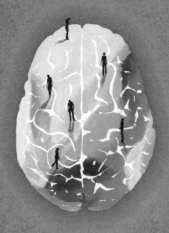

제1부

불안을 느끼는 뇌에 대해 알아야 할
최소한의 지식

제1장

왜 이렇게 이유 없이 불안할까?

이 책에서 우리가 전하는 것은 모두 유용하고 실용적인 정보다. 그러니까 불안의 원인을 밝히고 각종 불안 관련 경험을 줄이기 위해 뇌를 변화시키는 법과 연관되어 있다. 모든 신경학적 과정에 관해 상세하고 전문적인 해설을 하진 않을 것이다. 뇌가 느끼는 불안에 관해 간략한 설명을 제공하되, 우리가 제시하는 특정 계획이 왜 불안을 통제하는 데 도움이 되는지 이야기하겠다.

불안에 이르는 두 가지 경로

무엇이 불안을 야기하는지 모른다면 그것을 변화시키려고 할 때 불리해진다. 불안은 뇌 상태에 따라 발생하며, 특정한 뇌 구역이 담당하는데 만약 그 부분이 작동하지 않는다면 불안도 발생하지 않는다. 뇌는 여전히 수수께끼로 남아 있는 부분이 많은 무척 복잡하고 상호 연계된 시스템이지만, 그래도 그 안에서 불안의 보편적인 원천 두 가지는 확인할 수 있다. 이 둘을 다루는 데는 여러 기법이 있으며, 사람의 불안을 관리하거나 예방하는 데 더욱 효과적인 것으로 드러났다.

〈들어가는 글〉에서 언급했듯, 뇌에는 불안 반응을 일으키는 두 가지 신경 통로가 있다. 대다수 사람이 불안의 원인과 관련하여 떠올리는 것은 피질 통로다. 인간의 대뇌피질은 3부에서 더 많이 다룰 예정이다. 지금은 그저 피질이 감각, 사고, 논리, 상상, 직감, 의식 기억 그리고 계획의 주된 통로라고만 알아두자. 불안 치료는 일반적으로 이 경로를 목표로 하는데, 아마도 이것이 더 의식적인 경로이기 때문에 이 경로에서 일어나는 일을 우리가 더 잘 인식하고, 기억하고 집중하는 것에 접근이 쉽기 때문일 것이다.

사례4

어떤 사람이 계속 불안을 가중하는 방식으로 생각하거나 어떤 이미지에 지나치게 집착하거나 혹은 어떤 의문에 사로잡혀 온통 거기에 마음을 빼앗기거나 혹은 문제에 대한 해법을 떠올리는 데 몰두한다고 해보자. 이런 경우 그 사람은 피질 기반의 불안을 경험하는 중이다.

반면 편도체 통로에서 오는 불안은 대부분 신체에 더 강력한 영향을 미친다. 편도체는 뇌의 다른 부분들과 무수히 관련되며, 이

불안할 땐 뇌과학

런 상호 관련성은 여러 신체 반응을 무척 빠르게 격발한다. 0.1초보다도 더 빠른 찰나에 편도체는 아드레날린 분비를 급증시키고, 혈압과 심박수를 증가시키거나 근육 긴장도를 높일 수 있다. 이 외에 더 많은 신체 반응이 생긴다. 편도체 통로는 의식의 흐름(stream of consciousness)이 개입하지 않으며 피질이 할 수 있는 것보다 더 빠르게 가동된다. 따라서 이 통로는 의식의 흐름에서 나오는 지식이나 통제 없이도 수많은 불안 반응을 만들어낸다. 당신이 지금 겪는 불안에 명백한 원인도, 논리도 없다는 생각이 든다면 편도체 통로에서 생겨난 것이라고 보면 된다. 사람이 편도체를 '의식'할 수 있는 이유는 그것이 인체에 영향을 미치기 때문이다. 즉, 각종 신체 변화, 초조감, 특정 상황을 피하려는 소망, 공격적인 충동 발생 등으로 그런 편도체 통로의 개입 여부를 알게 된다.

불안 치료사가 불안장애를 치료할 때 편도체를 언급하지 않는 경우가 종종 있는데, 이는 무척 놀라운 일이다. 두려움, 불안 혹은 공황과 관련된 대다수 경험이 편도체 작용에 따른 결과이기 때문이다. 피질 기반의 불안한 생각이 그 원천일 때조차 그것이 신체 감각으로 나타나도록 유발하는 것은 편도체다. 쿵쾅거리는 심장, 흘러내리는 땀, 긴장하는 근육 등이 편도체의 직접적인 영향 때문에 나타난 증상이다. 그러므로 가정의와 정신과 의사가 불안을 완화하는 약을 처방할 때 직접 편도체를 언급하지 않더라도 그들은 편도체에 집중할 수밖에 없다. 이런 약으로는 재넥스(알프라졸람), 아티반(로라제팜) 그리고 클로노핀(클로나제팜) 같은 것이 있는데, 보통 편도체를 진정시키는 약물이다.

그런 신경안정제는 빠르게 불안을 줄이는 데 무척 효과적이다.

하지만 안타깝게도 편도체 회로를 '변화'시키는 데는 아무 소용이 없다. 불안 반응을 줄이기는 하지만 그런 약물은 "편도체 회로의 수정"이라는 장기 목표에는 별로 도움을 주지 않는다.

편도체에는 불안과 무관한 여러 기능이 있는데, 여기서는 불안이 핵심 주제이므로 불안과 무관한 기능들에 관해선 깊이 파고들지 않겠다.

편도체의 불안 관련 역할을 이해하려면 먼저 이런 사실을 알아두어야 한다. 가령 당신이 하루를 보내는 동안 별로 의식하지 않더라도 편도체는 소리, 풍경 그리고 사건들을 주목한다. 편도체는 잠재적 피해 가능성이 있는 모든 대상을 주의 깊게 살핀다. 일단 잠재적 위험을 발견하면 공포 반응을 일으키는데, 이는 신체에 투쟁 및 도주 준비를 시키는 것으로 신체 보호를 위한 일종의 경보 신호다.

사례5

우리는 겁을 잘 먹는 인류의 후손이다. 초창기 유인원 중에는, 편도체가 잠재적인 여러 위험에 반응하여, 강력한 공포를 유발해 신중하게 행동했고, 그리하여 자기 새끼를 보호했던 부류가 있었다. 이렇게 그들은 생존하고 후대에 유전자(그리고 겁먹은 편도체)를 물려주었다.

반면 초창기 유인원 중에 지나치게 침착하여 걱정하지 않는 부류, 즉 사자가 근처에 있거나 강물이 넘쳐 집을 덮칠 것 같더라도 염려하지 않았던 부류는 생존 유전자를 물려줄 가능성이 적었다. 오늘날 현생 인류는 자연도태를 통해 편도체가 효율적인 공포 반응을 일으키는 부류의 후손인 것이다.

사람이라면 누구나 신체를 보호하기 위해 스스로 공포를 일으키는 편도체를 갖고 있다(물론 예외적으로 그런 편도체 기능이 작동하지 않는 극소수도 있으나 여기서는 예외로 한다). 따라서 편도체발 불안장애는 가장 흔한 정신병이며 미국에서 대략 4천만 명의 성인이 이 장애로 고생하고 있다(케슬러 등 2005).

생활에서 겪는 일상 위험이 선사 시대 이후로 엄청나게 감소되어왔음을 생각할 때, 왜 그렇게 많은 사람이 불안에 기반을 둔 여러 문제로 고생하는지 의아할 것이다. 불행하게도 세월이 아무리 많이 흘렀어도 인간의 편도체는 여전히 선사 시대에 배운 교훈에 맞춰 작동하고 있기 때문이다. 그것은 여전히 우리가 다른 동물이나 사나운 사람에게 잡혀가 먹잇감이 될 수 있다고 가르친다.

위험한 상황을 맞이하면 도주(running), 투쟁(fighting) 혹은 얼어붙기(freezing)라는 3대 반응 중 하나를 정하고, 적절하든 그렇지 않든 이렇게 반응하도록 신체를 준비시킨다. 하지만 이런 공포 반응은 21세기 상황에는 맞지 않으며 예전에 그랬던 방식으로 우리를 돕지 못하는 것은 자명하다.

사례6

차, 총, 전기 콘센트보다 뱀, 거미, 높은 곳을 더 두려워하는 사람이 많다. 전자가 후자보다 훨씬 더 치명적일 수 있는데도 선사시대 영향이 아직도 남아 있는 것이다. 게다가 몇몇 사람의 뇌는 유전적 특징이나 강한 충격으로 인한 과거 경험 때문에 이런 공포 반응에 더욱 민감하다.

불안할 때 우리 뇌에서는 어떤 일이 벌어지는가

신경과학은 뇌를 포함한 신경계 발달, 구조 그리고 기능에 관해 연구한다. 불안의 신경과학을 설명하고자 뇌의 해부학적 구조를 간략히 소개하겠다.

그중에서도 특히 피질과 편도체에 대한 이해가 필수적이다. 이런 뇌의 중요 부위가 어떻게 작동하는지 그리고 피질이 편도체와 어떤 방식으로 관련되는지를 파악하면 피질이나 편도체가 과잉 반응을 보이거나 불안을 만들어낼 때 두뇌 속에서 무슨 일이 벌어지는지 이해할 수 있다. 이런 기초 지식은 불안에 저항하기 위해 뇌를 어떻게 재편성할 것인지에 관해 깊은 통찰력을 제공한다.

피질 통로: 예측과 해석, 상상

우선 피질 통로부터 이야기해보자. 보통 사람들은 뇌라고 하면 먼저 대뇌피질로 알려진, 주름지고 회색을 띠는 뇌의 외부 층을 먼저 떠올린다. 피질은 인류의 가장 인상적인 능력의 상당수가 발휘되는 원천이다. 그러나 앞으로 설명하겠지만 이런 능력 때문에 피질은 엄청난 불안을 발생시키기도 한다.

| 대뇌피질

인간의 피질은 다른 동물보다 더 크고 더 발달했으며, 여러 능력을 지닌다. 이곳은 크게는 좌반구와 우반구의 두 부분으로 나뉜다. 좀 더 자세히 들어가면 시각, 청각 그리고 다른 감각 정보를 처리하고 세상의 사물들에 대한 인식과 감각을 종합하는, 각각 다른 기능을 지닌 엽(葉: lobe)이라는 여러 부분으로 나뉜다. 피질은 뇌에서 인지와 생각을 담당하는 부분이다. 독자가 이 책을 읽고 이해하는 것도 이 피질이 활발히 작동하고 있기에 가능하다.

피질은 풍경, 소리, 그 외에 여러 가지를 지각하면서 동시에 그런 지각에 의미와 기억을 부여한다. 가령 당신이 어떤 나이든 남자를 보았다고 해보자. 이때 그저 늙은 남자를 보고 목소리를 듣기만 하는 게 아니다. 더 나아가 그를 할아버지로 인식하고 그가 내는 소리에 담긴 구체적인 의미를 이해한다. 피질은 상황 이해 및 해석 능력을 제공할 뿐만 아니라 논리와 추론을 가능하게 하고, 언어를 만들어내며 상상력을 발휘하게 하고 상황에 반응하는 여러 방식을 계획하게 한다.

사례7

피질은 또한 여러 위협적인 상황이 일어났을 때 반응 수정에 기여하는데, 이 기능은 불안 처리 시 핵심적인 역할을 한다. 대뇌피질은 직면한 위험에 대한 다양한 대응이 어느 정도 유용한지 평가하기 때문이다. 피질 덕분에 해고될 위험에 처했다고 느낄 때 상사와 물리적으로 다투지 않고 침착하게 처리할 수 있다. 혹은 폭죽 터지는 소리를 들었을 때 도망치지 않는 것도 피질 덕분이다. 그리하여 적극적으로 피질을 활용하여 불안에 대처하는 여러 다른 방법을 찾아낸다.

불안의 피질 통로는 감각 기관에서 시작된다. 눈, 귀, 코, 미뢰 그리고 심지어 피부마저도 세상에 관한 정보를 전달한다. 세상에 관한 모든 지식은 감각기관을 통해 전달되고 피질의 여러 부위에 의해 해석된다. 감각기관을 통해 정보가 전달됐을 때 그 정보는 시상(視床)으로 가는데, 이곳은 뇌에서 가장 소란스럽고 시끌벅적한 곳이다. 시상은 말하자면 '중앙 중계국'으로 눈, 귀, 코 등에서 온 각종 정보의 신호를 피질로 보낸다. 시상으로 정보가 들어온 다음에는 다양한 엽들로 보내져 처리되고 해석된다. 그다음에 정보는 전두엽을 포함하여 뇌의 다른 부분으로 이동한다. 전두엽은 정보를 취합하여 세상을 인지하고 이해할 수 있게 해주는 두뇌의 핵심 부분이다.

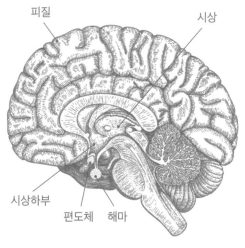

도해 1 편도체와 피질의 차이

| 전두엽

전두엽은 피질의 가장 중요한 부분 중 하나다. 이마와 눈 바로 뒤에 있는 기관인데 인간 뇌에서 가장 큰 엽이며, 인간의 전두엽은 대다수 다른 동물보다 훨씬 크다. 또 다른 엽들로부터 정보를 받고 세상의 통합된 경험에 반응할 수 있도록 각종 정보를 취합한다. 전두

불안할 땐 뇌과학

엽은 집행 기능(executive functions)을 지니고도 있는데, 그곳에서 수많은 뇌 작용에 대한 감독이 이루어진다는 뜻이다. 우리가 상황 결과를 예측할 수 있도록 돕고, 세상에서 받아들인 피드백을 활용하여 우리 행동을 계획하고, 반응에 착수하고, 행동을 중단하거나 변화하도록 하는 것, 이 모든 일을 전두엽이 담당한다. 유감스럽게도 좋은 일이 있으면 나쁜 일도 있듯, 이런 인상적인 능력들은 또한 불안을 만들어 내는 원천이 되기도 한다.

피질 통로는 불안의 주된 원천이다. 전두엽이 상황을 예측하고 해석하면서, 그 예측과 해석으로부터 종종 불안이 만들어진다. 예를 들어 '예측'은 다른 피질 기반 작용인 '근심 걱정'을 만든다. 고도로 발전된 전두엽 때문에 인간은 미래에 벌어질 일을 예측하고 발생 가능한 결과를 예상한다. 반면 우리의 반려동물은 내일 문제 따위는 전혀 예측하지 않고 평화롭게 잠든다. 근심 걱정은 어떤 상황에서 부정적인 결과를 예측하기에 생기는 결과물이다. 이 피질 기반의 작용으로 인간의 머릿속에는 온갖 생각과 이미지[1]가 떠오르고 이것이 다시 엄청난 두려움과 불안을 유발한다.

몇몇 사람은 어떤 상황에서든 수십 가지의 부정적인 결과를 상상하며 걱정하는 피질을 갖고 있다. 실제로 가장 창의적인 사람 일부

---

1   생각과 이미지의 원어는 각각 thought와 image이다. 이 생각과 이미지가 온갖 불안을 만들어내는 원천인데 〈사례 1〉에서 출근길에 난롯불을 끄지 않았다는 생각과, 난로가 불타올라 집이 불붙는 이미지가 구체적으로 여기에 해당한다. 반면 편도체가 불안을 만들어내는 것은 어떤 사건, 상황, 대상에 대한 거의 무의식적인 반응과 직접 연결된다. 가령 〈사례 1〉에서 앞차가 멈추는 것을 보고 곧바로 내 차 브레이크를 밟는 동작과 같은 것이다.(—각주는 모두 옮긴이의 것이다.)

는 때로 매우 불안해하는 사람이기도 한데 그들의 창의성이 지극히 무서운 생각과 이미지를 깊이 생각하도록 유도하기 때문이다.

> **사례8**
>
> 꽤 밤이 깊었는데도 아직도 집에 들어오지 않은 십 대를 둔 부모가 흔히 떠올리는 걱정은 아이가 사고로 다쳐서 피를 흘리며 도움도 제대로 청하지 못하는 상황이다. 이런 이미지는 끔찍한 것이고, 상상한다고 아무런 유익이 되지 않지만 이런 부정적인 사건을 반복하여 떠올리고 예측하는 사람이 있다. 이런 걱정 패턴이 일상을 방해할 정도로 심각하면 불안장애가 된다.

또 다른 부류의 불안장애인 강박충동은 전두엽이 강박적인 생각(obsessive thoughts)을 만들어낼 때 발생한다. 강박 관념은 매일 몇 시간을 집중해야 할 정도로 사라지지 않는 어떤 생각이나 의심을 가리킨다. 강박 관념에 사로잡히면 여러 복잡하고 정교한 의식을 치른 후에야 불안이 줄어들기도 한다. 당사자는 이런 의식을 거행하면서 자기 불안을 완화하려 하지만 실은 불안이 더 강화될 뿐이다.

> **사례9**
>
> 제니퍼 사례를 생각해보자. 그녀는 집에 있는 세균 생각에 온 신경이 사로잡혀 있고, 몇 시간을 들여 손을 씻고 집을 구석구석 청소한다. 이렇게 마무리한 뒤에도 그녀는 처음부터 다시 일을 시작하는데, 갑자기 자신이 뭔가를 건드려 지금껏 청소해온 것이 모두

불안할 땐 뇌과학

오염되었다는 의심이 들어 청소를 다시 하는 것이다. 이런 강박 증세는 눈 바로 뒤의 전두엽 부분에 있는 대상피질(cingulate cortex) 의 기능 장애 때문일 수도 있다(주로우스키 등 2012).

지금까지 해온 말을 종합해보면, 피질이 일으키는 해석, 이미지, 걱정에 집중하면, 우리는 실제로 위험이 존재하지 않는데도 불안을 만들어내고 그 예측에 집중한다. 이미 언급했듯 불안 치료사는 걱정 을 줄이도록 생각을 수정하는 것으로 사람들을 유도하는데, 이때 주 로 피질 통로에 집중한다. 그런 인지 접근법은 피질 기반 불안을 감 소시키는 데는 무척 효과적이다.

그러나 이제 당신도 아는 것처럼 또 다른 신경 통로가 불안을 만 들어낸다. 당초 불안이 피질에서 시작되었다고 해도 편도체 통로는 여전히 독자적으로 작동한다.

편도체 통로: 무의식적 정서 및 신체 반응

불안이 생기는 두 번째 통로는 편도체다. 우리는 피질이 발생시 키는 각종 생각과 이미지 때문에 불안으로 이어지는 피질 통로에 더 친숙한 것 같지만, 그 배후에서 불안에 관련된 각종 신체 경험을 일 으키는 부위는 바로 편도체다. 편도체는 자신의 전략적 위치와 두뇌 의 여러 조직과 맺는 상호 연관성을 작동시켜, 호르몬 방출을 통제하 고 불안의 신체 증상을 만들어내는 등 뇌의 여러 부분을 활성화한다. 이렇게 하여 편도체는 신체에 강력하고 즉각적인 영향을 미친다. 우 리는 편도체의 이러한 기능을 잘 이해해야 한다.

| 편도체

편도체는 뇌 중앙 근처에 있다(도해 1 참고). 앞에서 언급했듯 뇌는 두 개의 편도체를 지니며, 하나는 좌반구에 있고 다른 하나는 우반구에 있다. 하지만 관례적으로 편도체는 단수형으로 쓰니 이런 관행에 맞춰 앞으로 계속 단수 취급을 하겠다. 우측 편도체 위치는 왼손 둘째 손가락으로 오른쪽 눈을 가리키고, 오른손 둘째 손가락으로 오른쪽 귀의 외이도를 가리키면 그 위치를 대략 추정할 수 있다. 두 손가락에서 뻗은 선의 교차점이 대략 오른쪽 편도체가 위치한 곳이다. 편도체는 아몬드 형태의 조직이기에 '아몬드'를 가리키는 그리스어 '아미그달라'에서 이런 명칭이 생겼다.

편도체는 긍정적이든 부정적이든 많은 정서 반응을 만들어내는 원천이다. 누군가가 갑작스럽게 개인 공간을 침해하거나 얼굴을 들이밀면 당신도 모르게 느끼는 불쾌감은 이 편도체에서 생긴다. 반면 당신의 할머니를 닮은 누군가를 만나 그 낯선 숙녀를 향해서도 따뜻한 애정이 느껴진다면 이 역시 편도체의 작용이다. 이 경우 당사자는 기분 좋은 감정 기억에 접근하면서 덩달아 기분이 좋아진다. 편도체는 감정 기억(emotional memories)[2]을 형성하고 기억하는데, 이것을 이해하면 자기도 모르게 튀어나오는 정서적 반응이 훨씬 더 쉽게 이해된다.

---

[2] 어떤 사람이나 사물 등 대상에 대하여 아무런 사전 지식이나 판단 없이 곧바로 튀어나오는 감정 기억을 말한다. 우리가 어떤 사람을 보면 왜 그런지는 모르지만 분노와 적개심을 느끼는 경우가 있는데, 이런 감정은 편도체에 저장된 감정 기억 때문에 그렇다.

불안할 땐 뇌과학

| 외측핵

편도체는 여러 부분으로 나뉘지만, 여기서는 두려움과 불안 등의 정서적 반응들을 생성하는 데 필수 역할을 하는 두 부분(외측핵과 중심핵)에 주로 집중하려고 한다. 외측핵(外側核, lateral nucleus)은 감각에서 전해오는 메시지를 받아들이는 편도체의 한 부분이다. 그것은 지속하여 경험을 살피고, 위험한 조짐이 보이면 즉각 반응한다. 붙박이 경보장치처럼 편도체는 사물을 보고, 듣고, 냄새를 맡거나 혹은 느끼는 등 지각을 통해 위협을 확인하고 위험 신호를 보낸다. 편도체는 시상에서 바로 정보를 얻는다. 실제로 편도체는 '피질보다 먼저' 정보를 받는다. 이것은 중요한 사항이므로 반드시 기억해야 한다.

외측핵이 그토록 빠르게 정보를 얻는 이유는 편도체 통로가 우리 감각과 이어진 더욱 직접적인 경로이기 때문이다. 편도체는 즉각적인 반응이 주된 특징인데 당사자의 목숨을 구하기 위해 그토록 빠르게 반응하게 되어 있다. 그런 신속한 반응은 편도체 외측핵에 곧바로 정보를 보내주는 뇌 회로의 지름길이 있기 때문이다(아모니 등 1995). 눈, 귀, 코 혹은 손가락 끝이 정보를 받아들일 때 정보는 이런 감각기관에서 시상으로 이동하고, 시상은 다시 그 정보를 곧바로 편도체로 보낸다. 동시에 시상은 정보를 피질의 적합한 부분에 보내 더 높은 수준의 처리를 거치게 한다.

하지만 편도체는 피질에서 다양한 엽들이 정보를 처리하기 전에 미리 정보를 받는다. 대뇌피질이 위험을 감지하기도 전에, 편도체 외측핵은 당사자를 위험에서 보호하도록 반응하는 것이다. 〈도해 2〉는 피질이 반응하기 전에 편도체가 반응하도록 하는 과정을 간단한 흐름으로 보여준다.

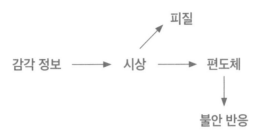

도해 2 불안에 이르는 두 가지 신경 통로

이 그림은 불안에 이르는 두 가지 통로를 나타낸다. 외부 정보는 시상에서 곧바로 편도체로 움직여 피질에서 생각할 시간을 갖기도 전에 편도체의 반응을 유도한다. 기이하게 보이겠지만 과거의 여러 경험을 생각하면 그런 무의식적 반응이 벌어졌을 때를 기억할 것이다. 어떻게 반응해야 하는지 생각하기도 전에 본능적으로 반응했던 그런 상황 말이다.

사례10

멀린다를 살펴보자. 이 10살 소녀는 집 지하층에서 캠핑 도구를 찾는 중이었다. 그녀는 어떤 출입구를 통해 걷다가 공포를 느끼고 뒤로 화들짝 물러섰다. 멀린다의 그런 반응은 옷걸이에 걸린 어떤 코트 때문이었다.

그녀의 편도체는 코트의 모양에 반응했고, 눈앞에 보이는 것이 무엇인지 그 실체를 깨닫기도 전에 그 '침입자'의 공격 범위에서 벗어나기 위해 뒤로 갑자기 물러난 것이다. 이처럼 피질이 반응하기도 전에 오래 진화해온 안전장치 역할을 하는 편도체가 반응한 것이었다.

세부 사항에 좀 더 집중하는 피질은 시상에서 받아들인 정보를 처리하는 데 더 많은 시간을 사용한다. 〈사례 10〉에서 시각 정보는 머리 뒤에 있는 후두엽으로도 보내졌고, 그곳에서 다시 정보를 취합한 다음 정보에 근거한 선택을 하는 전두엽으로 간다. 그게 바로 멀린다가 즉시 뒤로 물러났지만 곧바로 평소 상태를 되찾아 계속 캠핑 도구를 찾은 이유다. 그 어두운 형태는 자신에게 무해한 코트라는 정보를 그녀의 피질이 확인해줄 때까지 어느 정도 시간이 필요했던 것이다.

| 중심핵

편도체는 내부의 또 다른 핵, 즉 중심핵(central nucleus)이라는 특별한 기관 덕분에 빠르게 반응할 수 있다. 이 작지만 강력한 뉴런 덩어리는 뇌에서 영향력이 강한 다수 조직과 상호 연관되어 있는데, 그런 조직들에는 시상하부와 뇌간이 있다. 이 회로는 교감 신경계(sympathetic nervous system)에 신호를 보내 혈류에 호르몬 방출을 활성화하고, 호흡을 증가시키며, 근육을 움직이게 하는데 이 모든 게 1초도 안 되는 순간에 벌어진다.

중심핵과 교감 신경계 여러 요소 사이의 이런 밀접한 연관성 덕분에 편도체는 신체에 엄청난 영향력을 행사할 수 있다. 교감 신경계는 척수에 있는 뉴런으로 구성되고 신체의 거의 모든 기관계와 연결되어 동공 확장부터 심박수에 이르기까지 수많은 반응에 영향을 미친다. 교감 신경계의 역할은 투쟁 혹은 도주 반응을 만드는 것이고, 이런 결과는 '휴식과 소화'를 담당하는 부교감 신경계(parasympathetic nervous system)가 개입해 균형을 유지한다.

공포를 불러일으키는 상황 중에 외측핵은 교감 신경계를 활성화하라고 중심핵에 메시지를 보낸다. 동시에 중심핵은 시상하부를 활성화한다. (시상하부의 위치는 〈도해 1〉을 참고하라.) 시상하부는 즉각적인 행동에 나서도록 신체를 준비시키기 위해 코티솔과 아드레날린, 호르몬 방출 등을 통제한다. 이런 호르몬은 신장 꼭대기에 있는 부신에서 방출된다. 코티솔은 혈당치를 증가시켜 근육 사용에 필요한 에너지를 공급한다. 아드레날린(혹은 에프네프린이라고 함)은 감각을 고조시키고, 심박수와 호흡을 증가시키며, 고통을 느끼지 못하게 하는 활기찬 느낌을 제공한다. 이 모든 반응은 편도체 통로에서 오는 것이다.

분명 편도체는 찰나의 신체적 반응을 일으켜 많은 일을 해낸다. 이렇게 할 수 있는 것은, 첫째, 편도체가 뇌의 중앙 부위에 전략적으로 위치해 있고, 둘째, 감각에서 오는 정보에 바로 접근할 수 있으며, 셋째, 필수적 신체 기능을 무척 빠르게 전환시키는 뇌의 여러 부분에 영향을 미치는 유리한 위치에 있기 때문이다. 따라서 편도체의 기능을 명확하게 이해하는 것은 불안 해결이라는 퍼즐 게임에서 아주 중요한 조각이 된다.

편도체, 우리 몸의 비상대책위원회

이미 살펴봤듯이, 편도체와 피질의 명백한 차이점 하나는 그들이 다른 시간표에 따라 작동하는 두뇌 조직이라는 것이다. 편도체는 피질이 정보를 처리하는 것보다 한발 앞서서, 정보에 맞춰 행동에 나서도록 지령을 내리고, 피질이 정보를 정리하여 온전한 대응 방식을 수립하기도 전에 신체 반응을 조정한다. 행동 관점에서 보면 편도체가 피질보다 언제나 더 빠르다. 우리는 사실상 그러한 편도체의 빠른 반응을 거의 통제하지 못한다. 그러니까 의식적으로 공포나 불안 반응을 통제할 수는 없고, 옆으로 비켜나서 편도체의 그런 순간적인 반응을 지켜보는 상태가 되어버린다.[3]

편도체 통로에서 나오는 빠른 반응은 보통 투쟁 혹은 도주 반응이라고 한다. 누구나 이런 현상에 익숙한데, 신체는 위험 상황에서 빠르게 반응하도록 준비한다. 우리 대다수는 도망치기 혹은 싸우기 반응을 경험했고, 아드레날린이 솟구치는 걸 느끼고 위협에서 자신을 보호해야 한다는 생각을 떠올리기도 전에 즉각적인 방식으로 반응했다. 편도체에서 발생하는 전광석화 같고 본능적인 반응 덕분에 고속도로에서 목숨을 구한 사람이 많을 것이다. 여기서, 편도체 중심핵은 투쟁 혹은 도주 반응이 시작되는 곳이라는 사실을 꼭 알아두자.

편도체 통로로 이런 빠른 반응이 착수된다는 점을 알면 불안에 관련된 신체 경험을 이해하고 대처하는 데 도움이 된다. 그런 여러 반응 중에 가장 극단적인 불안 반응인 공황발작도 편도체 작용에서 나온다. 공황장애를 겪고 있고 공황발작에 시달리는 사람들은 많은 양상이 편도체 투쟁 혹은 도주 반응 활성화와 관련된다는 사실을 인식해야 한다. 쿵쾅거리는 심장 조임, 전율, 복통 그리고 과도한 호흡 등은 신체에 행동을 명령하는 편도체 기능과 관련되어 있다. 이런 신

---

3 〈사례 1〉에서 앞차가 갑자기 서는 것을 보고서 곧바로 무의식적으로 내 차의 브레이크를 밟게 된 동작을 예로 들 수 있다. 이런 동작에서는 피질의 사고 작용이 전혀 개입하지 못한다.

체 증상들이 일어나면 사람들은 종종 자신에게 뇌졸중, 심근 경색 혹은 발광 증세가 벌어지는 게 아닌가 생각하게 된다. 사람들은 공황발작의 뿌리가 긴급 상황에 대응하고자 신체를 준비하려는 편도체의 지시라는 걸 이해해야 한다. 이런 사실을 명확히 이해하면 그런 공황발작 피해를 당할 가능성이 줄어든다(윌슨 2009).

투쟁 혹은 도주 반응은 가장 친숙한 2대 공포 반응이지만, 편도체는 덜 알려진 반응도 일으키는데, 곧 '얼어붙기'라는 제3의 반응이다. 이것은 얼어붙은 것처럼 자기 신체를 전혀 움직이지 못하는 상태를 말한다. 즉, 위기 반응으로는 투쟁, 도주 혹은 얼어붙기, 이렇게 세 가지가 있는데 얼어붙기는 많은 사람이 극도의 스트레스를 받을 때, 온몸이 얼음처럼 얼어버리는 마비 증상을 가리킨다. 다소 기이하게 들리겠지만 우리 선조에겐 이 얼어붙는 반응이 투쟁이나 도주만큼 여러 특정 상황에서 유용했다. 가령 개를 데리고 토끼 굴을 지나칠 때 토끼가 전혀 움직이지 않고 가만히 있는 것을 볼 수 있다. 마찬가지로, 외부 위협을 당하여 얼어버린 사람은 신체를 전혀 움직이지 않음으로써 자신을 보호하려는 것이다.

누군가가 투쟁, 도주 혹은 얼어붙기라는 3대 반응 중 어느 하나를 보일 때 운전석에서는 편도체가 주도하고 있고 당사자는 조수석에 있는 상황으로 보면 된다. 이 때문에 비상 상황에서는 종종 자기 자신이 의식적으로 반응한다기보다는, 마치 무의식적으로 반응하는 자신을 옆에서 쳐다보는 듯한 느낌이 든다. 그런 순간에, 왜 우리가 상황을 통제한다는 생각이 들지 않는지 혹은 왜 불안을 통제할 수 없는지에는 분명 이유가 있다. 편도체는 빠르기만 한 게 아니라, 뇌의 다른 절차를 '중단'시키는 신경적 능력을 갖고 있다(르두 1996). 편도체에서 피질로 이어지는 연결부가 많은 덕분에 편도체는 다양한 수준의 피질 반응에 강력하게 영향을 미치지만, 피질에서 편도체로 이어지는 연결부는 그보다 숫자가 더 적다(르두, 쉴러 2009). 따라서 문자 그대로 편도체가 피질을 통제할 때 당신은 아무런 생각도 할 수가 없다. 피질의 사고 과정은 일단 정지되고, 당사자는 편도체의 일방적 영향을 받는 방관자가 된다.

이러한 처리 방식이 유용한지에 관해 의문을 표할 수도 있겠지만, 몇몇 상황에서는 그렇게 반응하는 것이 아주 유익하다.

사례11

중앙선을 넘어 당신을 향해 차가 달려오는 마당에 피질이 자동차의 구조, 형태, 색깔을 분석하고 상대방 운전사의 표정 같은 세부사항을 고려하도록 내버려두는 게 현명한 일일까? 이럴 때는 그런 세부사항보다 충돌하려는 차를 피하기 위해 직접 행동에 나서는 것이 무엇보다 중요하다. 이런 식으로 피질 기능을 순간적으로 무시하고 우위에 서는 편도체의 능력은 문자 그대로 당신의 목숨을 구한다. 실제로 편도체의 이런 기능 덕분에 우리는 이미 여러 번 목숨을 건진 바 있다.

편도체의 사태 장악 능력을 깨닫는 건 불안과 씨름하는 사람에게 아주 중요한 일이다. 이것은 위험한 상황에서는, 편도체가 통제권을 행사하도록 두뇌의 신경 회로가 고정화되어 있다는 걸 보여준다. 이런 설계 때문에 편도체 기반의 불안을 통제하는 데 있어 피질에서 이루어지는 논리 위주의 사고 과정을 곧바로 활용하기는 어렵다. 사

람들이 느끼는 어떤 불안은 종종 피질로는 이해가 되지 않고 또 피질의 이성적 능력으로는 설명하기가 어렵다. 이렇게 된 것은 편도체가 위기 상황에선 피질을 무시하고 곧바로 행동에 나서기 때문이다.

여기에 더해 편도체는 피질을 포함한 뇌 전체에 영향을 미치는 화학 물질 방출을 유도함으로써 피질에 영향을 미친다(르두, 쉴러 2009). 따라서 불안으로 고생하는 사람은 편도체 기반의 불안에 대처하는 여러 방법을 반드시 갖추어야 한다. 피질 기반 접근법이 불안 치료에서 더 흔히 사용되더라도 편도체를 다스리는 방법도 무시해서는 안 된다. 이 책의 제2부에서는 편도체 기반의 불안을 통제하는 여러 기법을 다룰 예정이다.

뇌가 불안에 반응하는 매커니즘

여태까지 읽어온 내용 덕분에 우리는 이제 뇌의 어떤 부분이 각종 불안에 어떻게 관계되는지 알게 되었다. 가령 피질 통로가 걱정, 강박 관념 그리고 불안을 일으키는 '해석'을 만들어낸다면, 편도체는 투쟁, 도주 혹은 얼어붙기라는 3대 반응 등 여러 '신체 반응'을 작동시킨다. 우리는 그런 다양한 신체 증상이 어디에서 비롯되는지 파악하고, 그런 신체 반응을 잘 이해하고, 그것이 광증 표시가 아니라는 걸 아는 것만으로도 어느 정도 불안을 다스릴 수 있고 또 마음의 위안을 얻는다.

이제 불안을 만드는 데 관여하는 뇌의 여러 부분을 이해했으니 이런 뇌 부분이 반응하는 방식을 어떻게 바꿀 수 있는지 살펴보자.

그렇게 하려면 먼저 두뇌 회로에 변화를 줄 필요가 있다. 뇌는 기억을 유지하고, 감정을 일으키고, 모든 행동을 착수시키는 회로를 형성하는 수십억 개의 관련 세포들로 구성된다. 이런 세포는 뉴런(neuron) 혹은 신경 세포(nerve cell)라 불리며, 뇌의 기본 구성 요소다. 뇌에 신경 유연성, 즉 두뇌 자체와 두뇌의 반응을 변화시키는 능력이 있는 것은 이 뉴런 덕분이다.

어떤 경험을 하느냐에 따라, 뉴런은 구조와 반응 패턴을 바꿀 수 있다. 뉴런이 어떻게 작동하는지 이해하면 불안을 생성하는 뇌 회로를 재설계하는 계획을 수립할 수 있다. 또한, 뇌에 미치는 항불안제의 영향을 이해하는 데도 도움이 된다.

뉴런 사이의 신경 전달 과정

뉴런은 세 가지 기본 부분으로 구성된다(〈도해 3〉 참조). 세포체(cell body)는 세포 조직을 포함하는데, 여기엔 세포의 구축을 지시하는 유전자 물질도 들어 있다. 세포체에서 나온 건 가지돌기(dendrite)로 나뭇가지처럼 생겼다.

가지돌기는 뉴런 간 소통 체계에서 필수 부분이다. 이것들은 메시지를 받기 위해 다른 뉴런과 접촉하는데, 뉴런 사이를 화학적 과정을 거치면서 이동한다. 가지돌기는 다른 뉴런의 축삭돌기(axon)에서 메시지를 받는다. 축삭돌기는 가지돌기와 접촉하지 않으며, 대신 축삭돌기와 가지돌기 사이의 공간에 신경 전달 물질(neurotransmitter)이라고 하는 화학 물질을 방출하여 서로 메시지를 전달한다. 이런 신경 전달 물질에는 아드레날린, 도파민, 세로토닌 등이 있다.

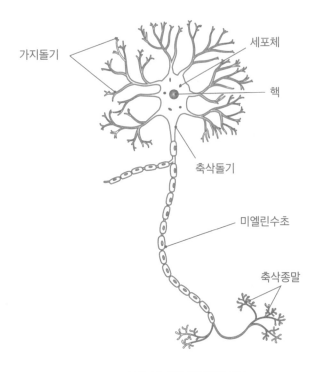

가지돌기

세포체

핵

축삭돌기

미엘린수초

축삭종말

도해 3 뉴런의 해부학적 구조

축삭돌기와 가지돌기 사이의 공간은 시냅스(synapse)라고 한다
(〈도해 4〉 참조). 이 작은 공간에서 뉴런 사이의 소통이 발생한다. 축삭
돌기 끝엔 축삭종말(axon terminal)이라 불리는 작은 주머니가 있어서,
화학적 메시지를 보낼 준비를 하고 또 신경 전달 물질을 보유한다.
몇몇 신경 전달 물질은 바로 옆 뉴런을 자극하고, 다른 신경 전달 물
질은 다음 뉴런을 억제하거나 진정시킨다.

신경 전달 물질은 '화학적 메신저'라고도 하는데 신경 접합부 공
간을 가로지를 때, 옆 뉴런에 메시지를 보내는 것이 마치 메신저처럼
보이기 때문이다. 신경 전달 물질은 옆에 있는 뉴런의 가지돌기에 있
는 수용기 부위에 연결되며 자물쇠에 열쇠를 집어넣는 것과 비슷한

효과를 보인다. 신경 전달 물질이 수용기 부위와 연결될 때 뉴런은 점화(firing)에 의해 반응한다. 점화는 양전하(positive charge)가 뉴런의 가지돌기에서 세포체를 통해 다른 쪽 끝에 있는 축삭돌기로 이동할 때 나타난다. 점화는 축삭돌기가 축삭종말에서 신경 전달 물질을 방출하도록 하고, 화학적 메시지를 또 다른 뉴런에 전송하여 메시지를 전달한다.

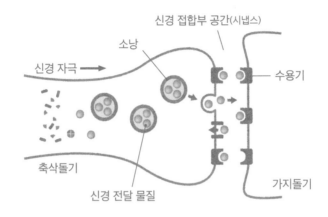

도해 4 두 뉴런 사이의 시냅스

뉴런은 뉴런 사이의 화학적 메시지와 뉴런 내부의 양전하를 기반으로 작동한다. 공책에 적어 넣은 단어 모양에서부터 집 마당에서 지저귀는 새 울음소리에 이르기까지 모든 외부 감각은 뉴런에 의해 뇌에서 처리된다. 눈으로 들어오는 광파(光波)나 고막에 영향을 미치는 공기 진동 같은 외부 감각은 뉴런 내부에서 전기 신호로 변형되고, 이 신호는 이어 신경 전달 물질을 통해 다른 뉴런들로 전달된다. 이런 전달 과정으로 뇌는 기억을 보관하고, 정서 반응을 만들고, 사고 과정을 지속하고, 행동을 일으키는 뉴런 회로를 구축한다.

뉴런 사이에서 전달된 메시지가 한 뉴런에서 다음 뉴런으로 가는 신경 전달 물질에 토대를 둔다는 사실을 발견하게 되면서 과학자들은 이런 과정에 영향을 주는 약물을 개발하기 시작했다. 불안 치료에 흔히 활용되는 약물은 대체로 렉사프로(에스시탈로프람), 졸로프트(설트랄린), 이펙사(벤라팍신), 심발타(둘록세틴) 같은 것인데 뇌 특정 부분에 있는 회로에 영향을 미치는 방식으로 신경 접합부에 유용한 신경 전달 물질의 양을 늘려주는 식으로 작용하는 약물이다.

함께 점화되는 뉴런은 함께 연결된다

뉴런이 어떻게 작동하는지 알아야 할 이유가 무엇인가? 뇌를 재설계하려면 뇌 회로와 뉴런 사이에서 형성된 연결 부분에 대한 뇌 기반을 이해해야 한다. 캐나다 심리학자 도널드 헵은 1949년 뇌의 작용을 설명하는 데 무척 유용하다고 드러난 회로를 뉴런이 어떻게 창조하는지, 관련 이론을 제시했다. 그의 아이디어는 이후로 신경과학자 칼라 섀츠의 간단한 발언으로 요약되었다. "함께 점화되는 뉴런은 함께 연결된다(Neurons that fire together wire together)"(도잇지 2007, 63). 이 발언은 뇌 설계를 바꿀 수 있는 구체적 방법에 관해 분명한 통찰력을 제공한다.

기본적으로 뉴런이 서로 연결을 구축하려면, 다른 뉴런이 점화할 때 한 뉴런도 동시에 점화해야 한다. 뉴런이 함께 점화하면 뉴런 간의 연결은 강화되며, 결국 한 뉴런이 활성화되면 다른 뉴런도 활성화되는 회로 패턴이 형성된다. 비슷한 방식으로 더 많은 뉴런이 이런 뉴런과 연결될 수 있고, 그들이 함께 점화된다면 곧 연결된 뉴런의 전체 세트가 구성된다. 따라서 신경 회로를 변경하는 일은 곧 뇌에서 활성화 패턴을 변경하는 것을 의미한다. 그렇게 해야 뉴런들 사이의 새로운 연결망이 발전하여 새로운 회로가 형성되는 것이다. 두뇌나 학습에서 일어나는 변화는 새로운 연결망과 회로를 확립한 뉴런들이 작동한 결과다.

우리 뇌는 태어날 때부터 스스로 발전하고 조직하도록 설계되어 있지만, 놀라울 정도로 유연하고 각 개인의 특정 경험에도 놀라울 정도로 빠르게 적응한다. 신경과학자 조세프 르두의 설명처럼, "사람들의 두뇌는 미리 조립된 상태로 태어나는 것이 아니라, 일상생활을 통해 서로 연결된다." 두뇌 회로는 구체적인 여러 경험으로 형성되며, 계속된 경험의 축적 결과로 수정·변화할 수 있다.

사례12

특정 뉴런들 사이의 연결 부분은 그것을 계속 활용할 때 강화된다. 우리 중 몇몇은 구구단에 대한 기억을 수학 방정식을 계산하는 데 계속 사용하며, 이러한 연결은 학교 다닐 때처럼 여전히 강력하다. 하지만 우리 중 일부는 계산기에 의존하기 때문에 구구단을 저장하는 뇌 회로를 정기적으로 사용하지 않아 구구단에 대한 기억이 약해진다.

두뇌의 특정 회로는 구체적 경험을 토대로 발전한다. 사람의 뇌는, 한 필의 말과 마구간, 할아버지와 시가, 팝콘 냄새와 야구 등으로 서로 연관시켜 나간다. 두 사람은 비슷한 연상을 공유할 수도 있지만, 각자는 자기 경험을 토대로 자신만의 두뇌 회로를 형성한다. 그리하여 한 사람은 소를 치즈와 위스콘신주와 연관 짓는 회로를 가진다면, 다른 사람은 소를 헛간과 착유기와 연관 짓는다.

뉴런은 새로운 연결 관계를 만들고 다양한 방식으로 새 회로를 구축한다. 두뇌 회로는 특정한 생각으로도 활성화될 수 있다. 예를 들면 할머니를 추억하면 떠올리는 기억 같은 게 그렇다. 두뇌 회로는 새 골프 스윙을 배우는 것처럼 행동을 변화시켜 재조직할 수 있다. 피아노를 치거나 배구를 하는 것처럼 외부 행동을 취함으로써 새로운 두뇌 회로를 발전시킬 수 있으며, 심지어 이런 행동을 하는 자신을 상상하는 것만으로도 회로에 일정한 변화를 일으킬 수 있다. 뇌는 평생 유연하게 남아 변화를 일으키며 발전해 나간다.

지금 심하게 느끼는 불안을 바꾸려 한다면 자신을 불안 반응으로 이끄는 신경 연결 관계를 바꾸어야 한다. 이런 연결 관계 중 일부는 기억 형태로 두뇌 회로에 저장된다. 이러한 기억은 피질과 편도체 양쪽에서 형성된다.

| 편도체는 감정 기억을 형성한다

감정 기억은 우리가 제2장에서 논의하게 될 연상 작용을 통해 편도체 외측핵에서 만들어진다. 그 기억은 피질이 기억하는 경험 혹은 기억하지 못하는 여러 경험에서 비롯된다. 이는 피질의 기억 체계가 편도체와는 완전히 별개이기 때문이다. 실제로 편도체 기반 기억은 피질 기반 기억보다 더 오래 지속된다는 증거가 나와 있다(르두 2000). 달리 말하면 피질은 편도체보다 정보를 잘 잊거나 정보를 되찾는 데 어려움을 느낀다.

이처럼 서로 다른 기억 체계를 갖고 있으므로, 우리는 불안의 구체적 이유나 의식적인 기억(혹은 이해) 없이도 어떤 상황에서 불안을 경험할 수 있다. 편도체가 어떤 사건에 관한 감정 기억을 갖고 있다고 해서 피질 또한 그 사건을 기억한다고 볼 수는 없다. 하지만 피질이 사건을 기억하지 못한다면 우리는 그 사건을 기억하는 데 곤란을 겪는다. 인간은 피질 기억에 의존하여 과거 사건을 기억해내기 때문이다. 이렇게 하여 우리는 때때로 자신을 당혹스럽게 하는 정서적 반응을 겪는다.

사례13

어떤 불안에 관해서는 아무런 이유를 댈 수가 없는데도 불안을 느끼기도 한다. 가령, 다리를 건너는 게 왜 불안한지, 식당에서 출입문을 향해 등을 돌린 채 앉아 있는 걸 왜 피하는지, 토마토 냄새가 왜 긴장감을 불러일으키는지 이해하지 못하는 식이다.

편도체는 고유한 감정 기억을 바탕으로 반응하고, 피질 기반의 기억을 필요로 하지 않는다. 여러 정서 반응을 낳는 뇌의 통로들을 추적한 연구는 정서 학습이 피질의 개입 없이도 발생할 수 있음을 증명했다(르두 1996). 이를 설명하는 데 도움을 줄 사례가 여기 있다(클래퍼리디 1951).

사례14

종종 만성 알코올 중독과 연관되는 기억 장애인 코르사코프 증후군으로 입원한 한 여성 환자가 있다. 그녀의 피질은 기존에 겪은 경험에 대하여 기억을 형성할 수 없었고, 따라서 그녀는 몇 년 동안 같은 병원에 입원했음에도 담당 의사나 입원한 병원을 전혀 알아보지 못했다. 그녀는 몇 달 동안 자신을 돌본 간호사 이름도 몰랐고, 고작 몇 분 전에 말한 이야기의 세부 내용도 기억하지 못했다. 하지만 동시에 그녀의 편도체는 피질의 도움 없이 감정 기억을 만드는 능력을 발휘했다.

어느 날 그녀의 담당의는 작은 실험을 수행했다(오늘날 기준으로는 윤리적이지 못한 것이었다). 그녀에게 다가가 악수할 때 의사는 핀을 손바닥에 숨겨놓았다가 그걸로 환자의 손을 찔렀다. 다음날 그녀는 의사가 손을 내미는 걸 보자 겁을 먹고 빠르게 손을 거둬들였다. 악수를 거부하는 이유를 묻자 그녀는 설명할 수 없었다. 여기에 더해 그녀는 이전에 의사를 본 기억이 없다고 말했다. 그녀는 의사를 두려워하게 만드는 이유를 댈 수 있는 피질 기반의 기억은 없었지만, 편도체는 그녀에게 감정 기억을 불러일으켰고, 그래서 그 의사를 보면 움찔하며 뒤로 물러섰다. 그녀의 두려움은 편도체의 작동을 분명하게 보여주는 증거였다.

| 편도체 기반 기억의 원천

특정 대상이나 상황을 이유 없이 두려워한다면 편도체가 그런 두려움을 습득한 경험이 분명 있었을 것이다. 그러나 편도체 기반 두려움이 어떻게 발전했는지 알아내는 건 쉽지 않은 일이다. 편도체가 명백히 그 두려움을 기억했더라도 피질이 그런 상황에 연관된 기억을 되살릴 수 없기 때문이다. 피질이 기억의 연결 고리로부터 제외될 수 있으므로 사람들은 '편도체에서 나오는' 정서적 반응을 목격할 때마다 도대체 왜 저렇게 반응할까 의아해하며 혼란을 느낀다. 이런 혼란이 어떤 것인지 보여주는 사례가 하나 있다.

사례15

릴리는 인터넷의 불안 관련 웹사이트에서 사교 공포증(social phobia)에 관한 여러 증상을 접하면서 자기 상황을 잘 설명하고 있음을 알았다. 즉, 사람이 모인 집단에 있으면 그녀는 불편함을 느꼈고, 추수감사절 저녁이나 시누이의 출산 축하 파티 같은 가족 모임에 참석하는 것도 정말 힘들었다. 그녀를 담당하는 불안 치료사가 이런 불안이 편도체 때문일 수도 있다는 말을 했을 때 그녀는 자신의 편도체가 이런 정서 반응을 발전시킨 이유를 알 수 없었다. 하지만 불안을 유발하는 사교적 모임의 특성을 말해달라는 요청을 받자 릴리는 아무리 쾌활한 가족들 사이라고 해도 사람 무리에 섞여 있는 게 무척 고통스럽다고 말했다. 그녀는 사람 집단이 무섭다고 생각했고, 특히 모두가 자신을 동시에 바라보는 경우라면 공포증이 더욱 심해졌다.

사람 집단이 위험하다는 걸 편도체에 알린 경험이 있는지 불안 치료사가 릴리에게 생각해보라고 하자 그녀는 초등학교 2학년 때 있었던 한 사건을 떠올렸다. 그녀는 책을 크게 읽어야 하는 아이들 무리에 있었다. 책을 읽을 차례가 되었지만 릴리는 어려움을 느꼈고, 교사는 그녀를 모욕감이 들게 하는 방식으로 대했다. 릴리는 이 경험에 관한 피질 기반 기억을 더듬어 떠올렸고, 그녀는 편도체가 보호 차원에서 그런 감정 기억을 만들어낸 사정을 이해하게 되었다. 그런 기억 때문에 그녀의 편도체는 사람 무리가 마치 위험한 존재라도 되는 듯한 감정 기억을 만들어낸 것이다.

피질이 알지 못하는 기억을 편도체가 저장하여 감정 기억을 만들어내는 과정을 들여다보면 두뇌에서 벌어지는 몇 가지 정서 반응을 더 잘 이해할 수 있다. 때로 피질은 편도체로 생긴 정서 반응의 기원이나 목적을 전혀 이해하지 못한다. 우리는 이런 두뇌의 사고 작용에 관해 더 많은 걸 알아내야 한다. 그래서 다음 장에서는 편도체 작용에 관해 더 많은 정보를 제공할 예정이다.

요약: 뇌의 재설계는 가능하다

피질과 편도체라는 두 통로는 불안을 만들어낸다. 한 통로는 세부 사항에 집중하는 피질 회로로 이동하고 결국에는 불안 반응을 만드는 편도체에 정보를 전달한다. 다른 통로는 시상에서 바로 편도체로 움직인다. 각 통로는 결국 편도체가 불안을 만들어내게 하지만, 각각은 독자 회로를 구성하고, 그런 회로의 특정 양상은 당사자의 노력 여하에 따라 얼마든지 수정될 수 있다. 두뇌 회로가 어떻게 작용하는지 이해하면 불안한 뇌를 재설계할 수 있고, 그렇게 되면 불안 경험은 훨씬 줄어든다.

제2장

편도체는 감정에
깊은 흔적을 남긴다

편도체 크기가 작다고 무시해선 안 된다. 인간 뇌에서 가장 크고 가장 발전한 부분인 피질도 다양한 방식으로 불안을 만들어내지만, 그래도 편도체가 가장 영향력 있는 역할을 맡고 있다. 편도체는 1장에서 이미 살펴보았듯 자체적인 불안 통로를 갖고 있을 뿐만 아니라, 피질의 불안 통로에도 개입하기 때문이다. 편도체는 오케스트라의 지휘자처럼 뇌와 신체의 나머지 부위에서 벌어지는 많은 반응을 통제한다. 미리 계획된 반응을 즉각 보여줄 뿐만 아니라, 인간 신체 내부에서 벌어지는 모든 일을 민감하게 의식하면서 개인의 특정 경험에 근거하여 다양하게 반응한다.

2장에서는 편도체의 특별한 '언어'와 함께 편도체가 일상생활에 미치는 영향을 살펴볼 예정이다. 진화 측면에서 보면 동물의 편도체는 아주 오래된 뇌 조직이고, 그리하여 인간의 편도체도 다른 동물에게서 발견되는 것과 무척 비슷하다. 즉, 인간의 편도체는 쥐, 개, 심지어 물고기의 편도체와 무척 비슷하므로 연구자들은 이런 동물들을 실험 대상으로 하여 편도체 기능을 깊이 연구할 수 있었고, 이 조직이 공포와 불안을 어떻게 만들어내는지에 관해 많은 것을 밝혀낼 수 있었다.

태어날 때 편도체는 미리 프로그램된 반응 체계를 갖고 있어 바로 실행에 옮길 수 있다. 하지만 이 조직이 아무리 오래되었다고 해도 그 실체가 완벽하게 고정된 것은 아니다. 편도체는 일상 경험을 토대로 계속 학습하며 변화한다. 실제로 소위 '편도체 언어'를 이해한다면 우리는 불안을 더 잘 통제할 수 있다. 편도체의 기능과 작동 양식을 알게 되면 공포와 불안의 근원(편도체)에 나름대로 영향을 미쳐 기존의 계획된 반응 방식을 바꿀 수 있기 때문이다.

인간의 보호자인 편도체

편도체 기반의 불안을 이해하려면 편도체를 하나의 보호자로 생각하는 게 좋다. 자연 선택에 따라 공포심을 일으키는 편도체가 생겼고 그것은 당사자의 신체 보호를 가장 중요한 목적으로 삼는다. 우리가 일상생활을 해나가는 동안 편도체는 모든 잠재적 위험 사항을 철저히 경계한다.

이처럼 당사자 신체 보호를 주목적으로 하므로, 편도체는 과잉 반응을 보일 수 있고, 진짜 위험하지 않은 상황에서도 공포 반응을 일으키기도 한다.

프랜의 사례를 들어보자. 연설 공포증이 있는 그녀는 이제 막 연설을 하려고 한다. 심장은 마구 뛰기 시작하고, 모두가 그녀를 주목하는 집단 앞에 서자마자 호흡이 가빠지기 시작한다. 그녀의 편도체는 무엇으로부터 프랜을 보호하려고 하는 걸까? 그게 무엇이든 간에 편도체는 청중 앞에 선 프랜을 위험한 상황으로부터 '보호'하려는 것이다.

프랜만 이런 반응을 겪는 건 아니다. 대중 연설에 대한 두려움은 가장 흔히 보고되는 종류의 두려움이다. 연구에 따르면 비행기 탑승에 대한 두려움, 거미에 대한 두려움, 높은 곳에 가는 두려움(고소공포증) 그리고 폐쇄된 공간에 대한 두려움을 월등히 능가하는 최고의 두려움이었다(드와이어, 데이빗슨 2012). 이런 흔한 반응을 어떻게 설명할 수 있을까?

편도체는 우리가 포식자에게 잡아먹히는 것을 사전에 막으려고 한다. 이것 때문에 진화 과학자들은 우리를 바라보는 남들의 시선을 잠재적으로 위험한 상황으로 해석한다고 보았다(오먼 2007). 다른 진화 과학자들은 방청자 무리에게 거부당할지 모른다는 불안 위험이, 저 선사시대의 부족 무리로부터 거부당하는 것에 대한 원시인의 두려움에서 비롯되었다고 주장한다(크로스턴 2012). 원시인이 부족 집단에서 쫓겨난다는 건 자립해야 하는 것을 의미했고 또 혼자 배회하면서 포식자를 마주하다가 잡아먹힐 수도 있었다. 따라서 집단에서 추방된다는 것은 거의 사회적 관계로부터 사형당하는 것과 마찬가지 처분이었다. 어쨌든 편도체는 다른 인간을 포함하여 잠재적으로 적대적인 동물에게 노출되는 위험한 상황에서 우리를 보호하려고 그렇게 반응한다.

프랜은 자신이 보인 반응의 진화적 뿌리 그리고 그 안에서 편도체가 맡은 역할이 무엇인지 몰랐을 것이다. 그녀의 '피질'은 남들에게서 비판받고, 창피당하고, 실수하는 것이 두렵다고 말해준다. 반면 '편도체'는 더욱 선사시대 관점에서 작동한다. 피질이 우리 행동에 대하여 이런저런 이유를 들이대지만, 그것이 정확한 설명일 수도 있고 아닐 수도 있다는 점을 분명히 알아두어야 한다. 여기서 우리가 관심 있게 보는 부분은 피질의 정확성이 아니라, 피질의 영향력이다. 가령 프랜이 "상사가 이 발표 내용을 마음에 안 들어하면 어쩌지?" 같은 편도체 기반의 불안에 대하여 편도체 문제로 인식하지 않고, 피질 기반의 설명 방식을 들이댈수록 그것은 더 많은 피질 기반 불안을 더할 뿐이다. 편도체 기반 불안의 원인을 피질에서 찾는 건 냉장고를 들여다보며 차 시동이 걸리지 않는 이유를 알려고 하는 것과 같다. 번지수가 틀린 데를 찾아 헤매고 있는 것이다!

따라서 대중 연설에 공포를 느끼는 프랜은, 사고 작용(피질 기능)을 동원하여 원인을 알아내려 할 게 아니라, 편도체 관점에 집중하여 그런 감정 기억을 불러일으키는 원인이 무엇인지 파악해야 한다. 그녀는 편도체가 자신을 보호하려고 한다는 걸 이해할 필요가 있다. 불안에 대한 설명을 얻기 위해 피질을 활용하는 것이 아니라, 편도체 언어를 적용해야 한다.

우선 심장이 쿵쾅거리고 호흡수가 증가한다고 해서 늘어난 호흡수가 위험 상황이 실재한다는 뜻이 아님을 인식할 필요가 있다. 도주 및 투쟁이 필요할 때라면 모르겠지만 지금은 대중 앞에서 연설해야 하는 상황일 뿐, 목숨이 왔다 갔다 하는 상황은 아니다. 그런 신체 반응은 편도체 반응의 일부이며, 대중 연설이라는 맥락에서는 그리 유익하지 않다. 프랜은 지금 생명이 위험한 상황이 아니며 그녀의 편도체가 과거의 감정 기억에 의존하여 불필요하게 경보를 울린다는 걸 이해할 필요가 있다. 설혹 프랜이 지금 막 하려는 연설이 출세에 무척 중요하다고 해도 이 상황은 과거 선사시대에 편도체가 했던 무의식적 경고처럼 목숨이 경각에 달린 상황은 아닌 것이다.

그런 반응은 편도체가 담당하는 보호자 역할을 보여주는데, 그 반응의 의미를 깨닫는 게 중요하다. 먼저 우리의 고유한 불안 반응을 이해하고 통제할 수 있어야 한다. 위험에서 당사자를 보호하려는 편도체의 상황 판단은 많은 경우 부정확하다. 다행스럽게도 우리는 편도체의 이런 과잉보호를 바로잡을 수 있다. 먼저 편도체 반응을 재훈련하고, 편도체가 쉽게 점화되지 않도록 사전 조치를 취하는 것이다. 가령 어떤 불안하거나 무서운 정서 반응(쿵쾅거리는 심장과 과도한 호흡)이 있다고 해서 그것이 곧 위험 상황이 실제로 존재한다는 얘기는 아님을 깨닫는 것이다. 편도체 반응은 종종 방향을 잘못 잡을 수 있으며, 우리는 그러한 반응을 우리의 사고 작용(피질 기능)으로 강화해서는 안 된다.

마지막으로 알아둬야 할 중요한 부분이 있다. 편도체 작용으로 불안을 느끼는 상황에, 당신의 논리적 사고(피질 기능)를 활용하여 그게 위험하지 않은 상황이라고 자기 자신을 설득하려고 들면, 편도체의 무의식적 반응은 순순히 물러가지 않는다는 것이다.

편도체 기반의 무의식적 불안을 처리하는 더 효과적인 접근법은 편도체를 재훈련하는 심호흡 기법과 기타 여러 전략을 활용하는

것인데, 제2부 편도체 기반의 불안 통제에서 다룰 예정이다.[4]

편도체가 위험한 대상을 판별하는 방식

사람의 편도체는 몇몇 자극에 대하여 마치 그것이 위험한 대상인 것처럼 반응하는 경향이 있다(오먼, 미네카 2001). 뱀, 곤충, 야생 동물, 높은 곳, 화내는 표정, 오염에 대한 두려움은 생물학적으로 편도체에 연결되어 있는 것 같다. 인간은 거의 아무런 자극이 없어도 이런 대상으로 공포를 학습하기 때문이다.

> **사례17**
>
> 자동차 공포증을 보이는 아이는 거의 없지만, 많은 아이가 곤충을 무서워한다. 곤충보다 자동차가 아이에게 훨씬 더 위험하지만 아이의 편도체에는 곤충에 대한 두려움이 고정되어 있는 듯 보인다. 이것은 지난 수천 년간 그런 종류의 두려움이 인간 생존에 기여해온 결과를 따른다. 하지만 이처럼 편도체에 이미 설정되어 있는 두려움도 바꿀 수 있다. 그럴 수 없다면 많은 사람이 고양이나 개처럼 날카로운 이빨 달린 동물과 같이 살면서 가족처럼 대하는 일은 벌어지지 않았을 것이다.

---

4 편도체 기반의 무의식적 불안을 처리하는 방법은 그 불안을 이기려 하지 말고 그 불안을 자기 것으로 받아들여 수긍하며 친구로 삼는 것인데 이렇게 하면 불안이 크게 완화되다가 결국에는 저절로 사라진다. 이것을 명상 요법이라고 하는데 9장에서 자세히 다룬다.

물론 많은 대상이나 상황이 태생적으로 두려움의 대상으로 인식되는 건 아니다. 오히려 편도체는 경험에서 학습한 결과로 그에 대한 두려움을 익힌다. 편도체는 경험에 기초해 꾸준히 학습하고, 특정한 부정 경험을 겪은 다음에는 이전에 두려워하지 않았던 그 대상을 무서워하는 두뇌 회로를 구축한다.

사례18

예를 들어 아이들은 태어날 때부터 불을 두려워하진 않지만 부모로부터 불꽃을 만지지 말라는 주의를 받는다. 그리고 아이는 생일 촛불에 덴 뒤로 불꽃을 보면 두려워하게 된다. 여기에 더해 편도체는 재빨리 피해야 할 위험 대상 목록에 불붙는 다양한 물건을 추가한다. 가령 라이터, 폭죽 그리고 캠프파이어를 두려워하는 식이다. 편도체는 이것과 비슷한 물건을 위험 대상으로 식별하고 장기 기억에 저장한다.

이것은 무척 강력하고 적응성 높은 능력이다. 그 능력 덕분에 사람은 삶에서 발생하는 특정 위험을 피하도록 유도하는 특정 신경 회로를 만들어낼 수 있었다. 이런 순기능이 있으므로 편도체는 수백만 년 동안 계속 쓸모 있는 조직으로 존속하면서 그 기능이 거의 변하지 않았다.

우리가 이러한 불안의 두 가지 통로를 설명하면, 혹시 자신이 예민한 편도체를 타고난 게 아닌가 하고 물어오는 사람이 있다. 유전적 특징은 편도체에 영향을 줄 수 있고 따라서 전형적인 정서 반응에도 유전의 영향이 있다고 보아야 한다.

다른 사람보다 더 작은 왼쪽 편도체를 지닌 아이들은 평균적으로 불안과 관련된 어려움을 크게 겪는 경향이 있다(밀험 등 2005). 그렇지만 좋은 소식은 이런 상황에도 모든 편도체가 학습으로 달라질 수 있다는 것이며, 편도체가 다르게 반응하도록 훈련하는 법이 이후 여러 장에서 구체적으로 소개된다.

편도체와 감정 기억

1장에서 이미 논의한 것처럼, 편도체는 기억을 형성하지만, 사람들이 생각하는 방식으로 하지는 않는다. 경험을 토대로 편도체는 긍정적이든 부정적이든 '감정 기억'을 만든다. 그렇지만 사람들이 그런 기억을 반드시 의식하는 것도 아니다. 긍정적인 감정 기억, 가령 배우자를 향한 애정을 연상시키는 향수 냄새는 난처한 상황을 만들지 않는다. 따라서 우리는 부정적인 감정 기억에 집중하면서 특히 공포와 불안을 낳는 기억을 다룰 텐데 주로 이런 기억이 편도체 기반의 불안을 많이 발생시키기 때문이다.

편도체 외측핵은 경험에 토대를 둔 감정 기억을 창조하고, 이런 기억은 특정 대상이나 상황을 만나면 마치 그것이 위험 대상인 것처럼 반응하도록 유도한다(1장에서 살편 내용이다). 이런 기억 때문에 우리는 불편함, 거북함, 두려움 등의 감정을 의식한다.

그러나 정작 당사자는 이런 감정이 편도체에 저장된 감정 기억 때문이라는 걸 깨닫지 못하는데, 감정 기억이 이미지나 언어 정보로 저장되지 않기 때문이다. 이 감정 기억은 피질 기반 기억과는 다르게, 마음속에 낡은 사진이나 영화 같은 상태로 남는 것은 아니다. 그보다는 구체적 내용이 없는 하나의 정서 상태로 곧장 편도체 기반의 기억을 형성한다. 당신은 그 기억으로부터 특정한 감정을 곧바로 느끼기 시작한다.

이런 감정을 불안이라고 해보자. 그러면 우리는 이렇게 생각하기 쉽다. '이렇게 무섭고 불안한 감정을 느끼는 걸 보니, 주변에 위험한 상황이 벌어지려고 하는 것 같은데, 그게 뭐지?' 하지만 그런 상황은 존재하지 않는다. 우리가 편도체의 언어를 이해한다면 이런 의아한 상황을 맞았을 때 공포와 불안을 다르게 해석할 수 있다.

사례20

샘의 사례를 들어보겠다. 그는 여자 친구가 운전하던 차를 타고 가다가 그만 그녀가 크게 다치는 자동차 사고를 겪었다. 이 일 이후로 오늘날까지 그는 조수석에 탈 때마다 불안을 느낀다. 뭔가 위험한 상황이 발생할지 모른다는 아찔한 느낌이 드는 것이다. 이런 감정은 과거의 자동차 사고가 편도체에 입력되어 있으므로 생긴다. 편도체 기반의 불안을 경험할 때마다, 그 불운했던 자동차 사고를 기억·회상하는 것은 아니다. 그러나 어떤 차의 조수석에 앉아 가면 그런 상황을 피해야 한다는 강력한 압박을 받는다. 그리하여 다른 운전자의 차를 탈 때마다 지극히 불편한 느낌이 들고 불안 강박증이 와서 거의 공황 상태에 빠진다.

그런 감정을 말로 표현해보면, 조수석에 타면 '뭔가 좋지 않은 일이 벌어질 것 같은' 느낌이 든다는 것이다. 하지만 직접 차를 몰 때는 정서적으로 편안함을 느꼈으므로, 그런 심리 상태 때문에 몇 년 동안 남의 차를 타는 것을 일부러 피했다. 이러한 정서 반응은 무척 현실적이고 반복적이므로 그는 이것이 제2의 천성이 되었다고 생각하면서, 그걸 문제 삼아야 한다는 생각 자체도 하지 못했다. 샘은 그것을 편도체 기반 기억이라고 하지 않을 것이고, 스스로 그것을 변화시킬 수 있다고 기대하거나 또 바꿀 수 있다고 여기지도 않는다.

훈련 | 편도체 기반 기억에 따른 영향에 익숙해지기

편도체 기반의 기억이 과연 어떤 느낌인지 궁금할 것이다. 아래의 경험 목록을 꼼꼼히 읽고 당신이 기존에 느꼈던 것과 비슷한 감정을 골라 체크하라.

- ☐ 나는 특정 상황에서 심장이 심하게 뛰거나 심박수가 늘어난다.

- ☐ 나는 특정 경험, 상황 혹은 장소에 대하여 의식적이진 않지만 회피하곤 한다.

- ☐ 나는 실제로 그럴 필요가 없을 때도 특정한 일을 계속 지켜보거나 살핀다.

- ☐ 나는 특정 장소나 어떤 종류의 장소에서는 전혀 느긋해질 수 없고 경계심을 풀지 않는다.

□ 겉보기에 대수롭지 않은 일로도 걱정을 많이 한다.

□ 무척 빠르게 극심한 공황 상태에 이르기도 한다.

□ 특정 상황을 만나면 물리적으로 다투고 싶을 정도로 무척 화가 나지만, 나 역시 그런 분노가 황당무계하다는 것을 인지하고 그만두곤 한다.

□ 나는 특정 상황에서 탈출하려는 강력한 충동을 느낀다.

□ 나는 특정 환경을 만나면 압도되는 기분이 들고, 그러면 명료한 생각을 할 수 없다.

□ 특정 상황을 만나면 나는 온몸이 마비된 기분이 들고 아무것도 할 수 없다.

□ 나는 스트레스가 많은 상황에서는 정상적인 속도로 숨을 쉴 수 없다.

□ 내 근육은 특정 상황을 만나면 엄청나게 긴장한다.

상기 모든 사항은 편도체 외측핵에서 형성된 기억에서 나오는 반응들이다. 이 중 몇 가지를 느꼈다면 편도체 기반 기억의 영향을 받은 것이다. 편도체는 잠재적 위험에서 당신을 보호하려는 시도로 이런 기억을 저장하고 꺼낸다.

이런 기억이 활성화되면 당사자조차 자신이 왜 이렇게 반응하는지 이해하지 못하거나 스스로 그것을 통제할 수 없다. 더욱이 우리는 이런 반응에 대하여 '잘못된 설명'을 내놓을 수도 있다. 그러니까 편도체 기억 때문에 벌어진 일에 대하여 피질 기반으로 논리적 사고를 거쳐 근거를 들이대려고 하는 것이다. 이것은 앞에서 이미 말한 것처럼 냉장고 문을 열면서 왜 자동차 시동이 걸리지 않는지 설명하려는 것과 같다.

투쟁, 도주 혹은 얼어붙기 반응

앞서 언급했듯 편도체는 뇌 중앙에 있어 뇌의 다른 부위에 영향을 미치기 유리한 위치이며, 이를 통해 순식간에 필수 신체 기능을 변화시킬 수 있다. 위험이 발견되는 즉시, 편도체는 뇌에서 영향력이 큰 다수 조직에 영향을 준다.

그처럼 편도체의 영향을 받는 두뇌 조직으로는 뇌간 각성 체계(brain stem arousal system), 시상하부(hypothalamus), 해마(hippocampus), 측좌핵(nucleus accumbens) 등이 있다. 이런 직접적인 연관성 덕분에 편도체는 즉시 운동 신경을 활성화시키고, 교감 신경계에 동력을 공급하고, 신경 전달 물질의 활동 수준을 높이고, 아드레날린과 코르티솔 같은 호르몬을 혈류에 방출시킬 수 있게 한다. 그리고 이런 활성화는 신체에 폭포처럼 변화를 일으킨다. 심박수가 늘고, 동공이 확장되며, 혈류는 소화관에서 사지로 흘러가고, 근육이 긴장하며, 신체에 동력이 공급되고 행동에 나설 준비를 갖춘다. 이런 생리적 변화에 대응하여 당사자 본인은 몸이 덜덜 떨리고, 심장이 쿵쾅거리고, 복부와 창자에 고통을 느낀다.

이 모든 변화는 투쟁, 도주 혹은 얼어붙기 반응의 일부이며, 앞서 언급했듯 편도체 중심핵이 그런 세 가지 반응을 촉발한다. 이런 반응이 나오면 우리는 그저 목숨을 부지하기 위한 자연스러운 반응이라고 여긴다. 하지만 중심핵이 과잉 반응하면 두려움을 느낄 아무런 논리적인 이유가 없어도 전면적인 공황발작을 일으킬 수 있다.

공황발작이 일어나면 편도체 중심핵이 통제권을 행사할 때, 피질은 거의 영향력을 발휘하지 못한다. 몇몇 사람은 공황에 빠졌을 때

지극히 공격적으로 반응하고, 몇몇은 도망치며, 누군가는 전혀 몸을 움직이지 못한다. 어떤 사람이 공황발작에 빠졌는데 옆에 있는 사람들이 이 상황에서는 그렇게 힘들어할 이유가 없다고 아무리 논리적 이유를 들이대봐야 부질없는 짓이다. 그들은 지금 본질적으로 아무 영향력을 행사하지 못하는 피질에 의존해 그 공황을 가라앉히려 하기 때문이다.

공황발작에는 가벼운 운동이나 심호흡이 더 효과적인데, 이것은 편도체의 회로 수정을 직접 목표로 삼기 때문이다. 효과적인 방법들에 대해서는 6장과 9장에서 자세히 논의할 것이다.

불안과 싸우려는 사람들은 책임 의식이 강한 편도체의 존재감을 인식해야 한다. 그래야 위험 상황을 맞닥뜨리면 뇌는 편도체에 '통제권'을 부여한다는 것을 이해할 수 있다. 이런저런 위험한 상황에서 빠르게 신체 반응을 작동시키는 편도체의 능력 덕분에 무수한 생명(인간이든 다른 동물이든)이 진화 역사에서 살아남았다.

> **사례21**
>
> 도로에서 급브레이크를 밟거나, 야구장에서 파울 볼이 날아올 때 몸을 재빨리 수그리거나, 상사의 목에 핏줄이 섰을 때 소나기는 피하고 보는 게 최선이라며 재빨리 그의 방을 떠나는 것 등은 모두 이런 편도체 기반의 반응 방식을 보여주는 사례들이다.

이런 모든 상황에서 편도체는 위험을 인식하고 당사자를 구하려고 시도한다. 하지만 이미 언급했듯, 각종 위험 정보가 모이는 편도체가 지나치게 민감하게 반응하는 것도 때때로 문제가 된다.

편도체가 알아듣는 고유 언어로 말을 걸어라

우리는 지금까지 편도체가 어떻게 불안을 일으키는지 배웠다. 편도체의 주요 기능 중 하나는 당신을 보호하는 것이다. 편도체는 학습 경험을 축적하고 있으므로 특정 대상이나 상황을 만나면 위험 여부를 금방 판정한다. 편도체는 본인도 깨닫지 못하지만 감정으로는 경험하고 있는 기억을 만들어낸다. 마지막으로 편도체는 위급 상황을 만나면, 뇌와 신체 모두를 장악하며 즉각적인 반응 체계를 구축한다.

그렇다면 '편도체 통제 훈련'은 어떻게 할 수 있는지 궁금할 것이다. 그런 목적을 달성하려면 먼저 이 작지만 강력한 뇌 부분에 새 정보를 입력해야 하는데, 가장 좋은 방법은 '편도체가 알아듣는' 고유 언어를 활용하여 말을 거는 것이다.

여기서 말하는 '언어'는 편도체와 외부 세계 사이에서 벌어지는 소통 방식을 묘사한다. 이는 실제 단어나 생각으로 정리 가능한 언어가 아닌 '감정 언어'를 의미한다. 가령 어떤 사람이 불쾌한 대상이라고 할 때, 그 이유를 뚜렷이 안다면 그것은 생각 언어다. 그러나 이유는 모르겠는데 그 사람만 보면 불쾌함이 저절로 일어난다면 그것은 감정 언어다. 불안에 관한 한 편도체 언어는 위험과 안전이라는 분야에만 집중한다. 경험에 기초한 그 언어는 빠른 행동과 반응을 일으킨다. 이런 언어의 세부 사항을 이해한다면 편도체 기반의 불안 경험은 더욱 잘 이해될 것이다. 그리하여 이 언어를 잘 활용하면 편도체가 달리 반응하도록 훈련하려 할 때, 입력하고 싶은 새로운 정보를 더 잘 입력할 수 있다.

제1장에서 논의했듯 신경 회로의 기저를 이루는 핵심 원칙은 "함께 점화되는 뉴런은 함께 연결된다"이다. 편도체 언어는 뉴런 사이에서 확립된 연결망에 의존하고 있다. 편도체 기반 불안에 관한 한, 뉴런 간 연결망이 활발히 작동한다. 어떤 대상이나 상황에 대한 감각 정보가 편도체 외측핵에서 뉴런에 의해 처리되고 동시에 편도체를 자극하는 뭔가 위협적인 일이 벌어지면 그 연결망이 작동한다. 위협적인 상황에서 편도체는 비상 상황에 들어가면서 위험을 연상시키는 시각, 청각 혹은 다른 감각 정보를 활발하게 확인한다. 어떤 상황과 위험을 서로 연결하는 연상(association) 작용은 편도체 언어의 필수적인 부분이다.

심리학자들은 보통 고전적 조건 부여(classical conditioning)라고 하는, 연상 기반의 학습에 대하여 한 세기 넘게 연구해왔지만, 편도체에서 발생하는 이런 부류의 학습을 연구하기 시작한 것은 고작 몇십 년밖에 되지 않았다.

이 책에서 우리는 신경과학자 조세프 르두(1996)와 그의 팀이 올린 연구 결과를 다수 활용할 것이다. 그들은 편도체 불안의 신경적 토대에 대해 활발히 연구하고 있다. 편도체는 일상생활의 감각적 양상을 살피고 감각 정보가 동시에 긍정적 혹은 부정적 사건과 연관될 때 무척 독특한 방식으로 반응한다. 감각, 대상 혹은 상황이 부정적 사건과 연관될 때 그 부정적인 기억은 두뇌 회로에 저장된다. 이때 외측핵이 그런 저장의 기능을 담당하는데, 그렇게 일단 기억이 입력되면 유사한 상황에서 그것이 자동으로 소환되어 신체에 반응을 일으킨다. 따라서 불안을 진정시키거나 없애려는 노력은 회로를 수정·변경하려는 노력에 집중되어야 한다.

편도체 외측핵의 정서 학습

어떤 사람이 개 한 마리와 마주친 상황을 떠올려보자. 개의 모습과 소리 자체는 시상에서 정보가 처리되어 편도체 외측핵으로 바로 전달되므로, 불안감을 유발하는 신경 회로에 자동으로 변화를 일으키지는 않는다. 두려움은 개에 대한 감각 정보가 부정적인 경험, 즉 개에게 위협당하거나 물렸을 때와 같은 일이, 사건 발생과 동시에 혹은 직전에 외측핵에 입력될 때만 학습되고, 외측핵의 뉴런은 그런 방식으로 변화한다. 따라서 개가 우호적이거나 중립적인 방식을 통해 행동하면 외측핵은 개에 대한 부정적인 감정 기억을 저장하지 않는다.

> **사례22**
>
> 개에게 물린 것과 같이 고통스럽거나 부정적인 경험이 발생하면 물린 것에 대한 감각 정보를 전달하는 뉴런이 외측핵에 강한 감정적 흥분을 일으킨다. 외측핵이 개에 대한 감각 정보를 수신하는 것과 거의 동시에 이 흥분이 발생하면 외측핵은 신경 회로를 변경하여 향후 개 또는 유사한 동물에 대해 부정적으로 반응하기 시작한다. 쥐를 대상으로 한 연구에서, 실제로 이러한 쌍을 경험할 때 과학자들은 편도체에서 연결이 형성되는 것을 관찰할 수 있었다 (쿼크, 리파, 르두 1995).

어떤 대상이나 상황 자체가 해롭거나 위협적이어서 두려움이나 불안이 형성되는 것은 아니다. 심지어 곰 인형도 연상 기반 학습을 통해 불안을 일으킬 수 있다. 자극적이거나 위협적인 어떤 사건이 외

불안할 땐 뇌과학

측핵을 활성화하는 중에 어떤 대상을 경험하면서 생기는 연상, 이것이 아주 중요하다. 다시 한번 말하니 기억하자. 뉴런들은 동시에 점화될 때 서로 연결된다.

이 편도체 기반의 연상 학습이 불안 환자에게 여러 가지 정서 반응을 일으키는 원천이다. 기존에 이미 입력된 편도체 기반 불안은 하나의 사례일 뿐이다. 앞으로 당신이 어떤 학습을 하고 어떤 연상을 하느냐에 따라 뉴런의 연결망이 새롭게 만들어지고 그에 따라 많은 불안이 생길 수 있다.

불안을 느낀다는 것은, 외측핵이 공포감을 느끼는 상황에서 감각 정보와 연결된다는 뜻이다. 일단 이런 연결이 만들어지면 편도체가 비슷한 감각 정보를 인식할 때마다 당신은 불안함을 느끼게 된다. 부정적 사건과 연관된 광경, 소리, 냄새는 그런 편도체 경보 체계를 활성화한다. 여기서 트리거(trigger, 유발 요인)라는 단어가 중요하게 부각된다. 이 단어는 연상 기반 학습의 결과로 편도체 경보 체계를 활성화하는 모든 대상(사건, 대상, 소리, 냄새 등)을 가리킨다. 앞 사례에서 개는 불안의 트리거가 된다. 그리고 이 트리거는 편도체 언어에서 중요한 어휘다.

편도체가 활성화된 상태일 때 어떤 대상이 입력되면 무엇이든 트리거가 될 수 있다. 이런 사실은 놀라워 보인다. 하지만 편도체 기반 불안은 논리가 아닌 연상 때문에 생기고, 따라서 트리거는 반드시 논리적이어야 할 필요가 없다. 원인과 결과라는 인과 관계가 아니라, 서로 무관한 A와 B를 연결하는 연상이 편도체 기반 불안을 만들어낸다. 여기에 이것을 보여주는 사례가 있다.

사례23

조세피나는 웃으며 자신을 향해 달려오는 손자에게 곰 인형 선물을 내밀고 있었다. 그러다 갑자기 손자는 집 마당 진입로에서 넘어져 입술이 찢어졌다. 전혀 해가 되지 않는 곰 인형은 입술이 찢어지는 고통과 '연관'되었기에 트리거가 되었고, 아이는 그 후로 곰 인형을 두려워하게 되었다.

편도체 반응은 경험에 따라 상대적으로 약한 것부터 무척 강력한 것까지 다양하다. 예를 들어 부정적 경험과 결부된 특정 부류의 음식에 가벼운 거부감이 들 수 있다. 스트레스가 심했던 가족 피크닉 때 먹었던 달걀 샐러드 같은 게 그런 것이다. 병을 앓을 때 먹었다가 토한 적이 있던 팬케이크를 먹을 때는 몇 년 뒤라 해도 여전히 냄새조차 메스꺼울 수 있다. 차라리 편도체가 없었더라면, 불안에 관한 상황이 더 나았을 수도 있겠다는 생각을 할지도 모른다. 그러나 편도체는 신체 보호를 위해 존재함을 기억하라. 여기에 더해 편도체는 연상 기반 학습으로 긍정적인 정서도 일으킨다.

사례24

당신에게 특별한 누군가가 선물로 목걸이를 주었다면 따스한 기분과 상대방을 향한 애정을 느낄 것이다. 나중에 그 목걸이를 보면, 목걸이와 애정이라는 정서 사이에 형성된 연상으로 따스하고 애정 어린 느낌이 다시 살아난다. 사랑하는 사람과 연관되지 않는다면 목걸이는 흔해 빠진 장신구와 다를 바가 없다.

이처럼 많은 긍정적 정서 반응이 편도체로 인해 생기므로 우리는 편도체 제거(!)를 고려하지 않아도 된다. 그런 순기능이 있기에 그에 따르는 역기능도 인정하면서 잘 다스려 나가면 된다.

가령 어떤 동일한 대상에 두 사람이 완전히 다른 반응을 보일 수 있다. 이것이 편도체 언어의 영향이다. 공저자 중 한 명(캐서린)은 소경 거미에 대해 애정 어린 감정이 있는데 할머니의 정원에서 좋아하는 붉은 라즈베리를 따던 중 자주 마주쳤기 때문이다. 그녀는 소경 거미를 부드럽게 집어 집 밖으로 내놓지만, 다른 공저자(엘리자베스)에게 소경 거미는 공포 그 자체이다. 그녀의 편도체가 그 벌레를 끔찍한 대상으로 여기도록 자동으로 반응하기 때문이다.

훈련 | 생활 속에서 편도체 정서 확인하기

연상 기반의 편도체 언어 때문에 이유 없이 불안해졌던 상황이나 대상이 있는가? 도무지 두려워하거나 싫어할 이유가 없는 어떤 사물이나 사람에게 날카로운 반응을 보여 스스로 당황한 적이 있는가? 또한, 누군가나 어떤 것에 반응하면서 예상치 못한 긍정적 정서를 경험했던 때도 생각해보자. 이런 정서 반응은 모두 편도체 언어 때문에 일어난다. 종이를 꺼내 긍정적, 부정적 반응 사례를 모두 기록하자. 각 카테고리 목록이 논리적일 필요는 없다. 당신은 라일락 향기에 부정적 반응을 보일 수 있고, 번개를 동반한 폭우에 긍정적인 반응을 보일 수도 있다.

편도체 반응은 논리적이지 않다

앞에서 살펴보았듯, 편도체 기반 정서는 인과 관계를 중시하지 않고 그래서 이성적이지 않다. 그 정서는 논리가 아닌 연상에 토대를 두기 때문이다.

베스의 사례를 생각해보자. 그녀는 롤링 스톤스가 부른 어떤 노래가 연주되는 가운데 성폭행을 당했다. 그 후 베스는 그 노래를 들을 때마다 극심한 불안을 느낀다. 노래 자체는 당연하게도 성폭행과 전혀 관련이 없다. 성폭행을 당할 때 그 노래가 흘러나온 건 순전히 우연이었다. 그럼에도 베스의 편도체는 그 노래와 부정적 사건(성폭행) 사이의 연관성에 격렬하게 반응한다.

이런 식으로 편도체는 중립 대상이나 상황일지라도 정서 반응을 일으키는 무서운 대상으로 변형시킨다. 정확히 말하자면 대상 자체가 변형된 건 아니다. 그보다는 편도체 작용에 따라 새롭고 다른 방식으로 처리·입력된 것이다.

사람들은 이런 식으로 대상과 두려움 사이에서 편도체가 만드는 연결 관계를 경험하지만, 그 연결을 인식하거나 이해하지 못하는 경우가 많다. 그들은 신경 연결망이 형성된 걸 깨닫지 못하고, 그런 정서 반응이 왜 일어나는지 이해하지 못하는 상태로, 어떤 대상에 대해 강력한 정서적 반응을 보인다. 이런 의식 부재는 전적으로 정상이며 온갖 부류의 신경 기능에까지 영향을 미친다.

당신은 평소에 신경 회로를 거의 의식하지 않는다. 책을 읽거나

　　　　　　　　　　　　　불안할 땐 뇌과학

똑바로 앉거나 숨 쉬는 걸 일일이 회로의 허락을 받아가면서 하는 게 아니니까. 그냥 무의식적으로 한다. 정말 다행이다. 모든 언동에 일일이 허락받거나 신경 회로를 의식해야 한다면 기진맥진할 정도로 피곤한 일일 테니까.

하지만 불안에 시달리는 사람들은 공포 연상을 만드는 데 편도체가 중요한 역할을 한다는 사실을 분명히 알고 있어야 한다. 그렇게 해야 불안 환자는 논리적인 설명을 찾길 그만두고 편도체 언어를 활용하는 법을 배우기 때문이다.

사례27

돈의 사례를 보자. 그는 베트남전 참전 용사로 외상후스트레스장애(PTSD)를 겪고 있는데, 편도체 언어 파악이 얼마나 유용한지를 잘 보여준다. 돈은 공황발작을 경험하곤 했지만 이어 몇 년 동안은 한 번도 겪지 않았다. 그러다가 갑자기 아무런 명백한 이유 없이 매일 아침 공황발작을 겪기 시작했다. 왜 그런지 원인을 파악해보자는 권유를 받았을 때 그는 자신의 공황 상태가 샤워와 밀접하게 관련되어 있음을 깨달았다.

며칠 동안 관찰한 결과, 샤워할 때 불안이 커지는 걸 알아차리고, 아내가 자신이 베트남에서 사용하던 것과 같은 브랜드의 비누를 사온 것까지 확인했다. 그 비누 냄새가 편도체 반응을 활성화했고, 공황발작을 일으킨 것이다. 돈의 편도체 언어에서 전쟁을 연상시키는 트리거는 비누였다.

비누가 공황발작의 원인임을 인식한 후에 돈은 안도했다. 이처럼 편도체 언어에 관한 지식은, 퇴역군인 돈이 앞으로 자신은 미치지 않을 것이고, 외상후스트레스장애로 더 이상 원인 모를 고통에서 헤매지 않아도 된다는 희망을 주었다.

〈사례 27〉에서 볼 수 있듯 편도체 언어를 이해한다고 해서 불안이 완전히 해소되는 것은 아니지만 그래도 아주 유익했다. 제대 병사 돈은 비누는 아무 잘못이 없다는 걸 알고 있음에도 비누 냄새를 맡을 때마다 불안함을 느꼈고, 다른 브랜드 비누를 쓰는 것으로 아침마다 겪은 공황발작을 끝낼 수 있었다. 해당 브랜드를 피하는 일은 딱히 힘든 일도 아니었으니까.

하지만 때때로 트리거는 피하기 어렵거나 불가능할 수도 있다.

사례28

거미(흔히 싱크대 아래에 숨어 있다)를 무서워하는 배관공이나, 엘레베이터에서 공황발작을 겪는 20층 근무 중인 사무실 관리자를 생각해보자. 이런 경우, 공포나 공황발작을 줄이거나 제거하려면 편도체 재훈련이 반드시 필요하다.

편도체 재훈련법과 관련해서는 제2부에서 자세히 설명하겠다. 지금은 그저 감정 회로를 변화시키는 여러 방법이 있다는 것만 알아두자. 이 정도만으로도 희망이 생길 수 있다.

우리는 때때로 특정 정서 반응이 어디에서 오는지 확신하지 못한다. 다행스럽게도 감정 회로를 바꾸기 위해 편도체 기반 불안의 최초 발생 원인을 반드시 알아야 하는 건 아니다. 7장에서 살펴보겠지만, 특정 트리거가 불안 반응과 연관되었다는 걸 인식하면 감정 기억의 최초 원인을 몰라도 신경 회로를 변경시킬 수 있다.

동일한 대상을 새롭게 경험하기

많은 사람이 공황, 걱정 그리고 특정 대상이나 상황 회피 같은 불안장애 증상이 있으면, 이성적 논의로 그런 불안을 어느 정도 완화할 수 있다고 생각한다. 선의를 지닌 가족과 친구, 때로는 불안과 싸우는 당사자조차 논리와 이성이 환자의 증세를 완화할 수 있다고 생각한다. 하지만 앞에서 누누이 말했듯 편도체는 논리적이지 않다.

> **사례29**
>
> 전에 한 번 개에게 물린 뒤로 종류를 막론하고 개를 무서워하는 어떤 소년에게 "내 강아지는 걱정할 거 없어. 한 번도 사람 문 적이 없다니까. 짖기만 하고 물진 않아"라고 해봤자 상황이 나아지진 않는다.

편도체 언어를 파악하면 왜 논리적 개입이 실패하는지 분명하게 알 수 있다. 뒤에서 살펴보겠지만 많은 피질 기반 불안은 논리적인 주장에 반응하는 것이 맞다. 하지만 편도체 기반 불안에 관해서는 오직 한 가지 방법만 통하는데, 그건 바로 체험에 의한 학습이다.

편도체는 오로지 경험으로 학습한다. 이것은 몇 시간에 걸친 대화 요법이나 여러 권의 자기계발서를 독파해도 불안 해소에 별 도움이 되지 않는 이유를 설명해준다. 그런 요법이나 자기계발서는 편도체를 공격 목표로 삼지 않는다. 어떤 대상(예를 들어 쥐)이나 어떤 상황(시끄러운 군중)에 대한 본능적 반응을 바꾸길 바란다면, 먼저 편도체가 그와 '동일한' 대상이나 상황을 '새롭게' 경험할 수 있어야 한다. 다른 사람을 관찰하는 것 역시 편도체에 영향을 미치지만, 불안 환자가 어떤 대상이나 상황과 직접 상호 작용을 할 때 비로소 가장 효율적으로 학습된다(올슨, 니어링, 펠프스 2007). 불안 환자는 편도체를 상대로 몇 시간 동안 논리적으로 설득할 수 있겠지만, 편도체 기반 불안을 바꾸려는 목적이라면 그런 전략은 통하지 않고, 오히려 몇 분 동안 직접 경험해보는 것이 훨씬 더 효과적이다.

따라서 쥐에 대한 편도체의 공포 반응을 바꾸려면, 쥐에 관한 기억 회로를 먼저 활성화하기 위해 쥐가 있는 곳에 가 있어야 한다. 그렇게 해야 비로소 새로운 연결 관계가 생긴다. 편도체는 연상이나 결합을 토대로 학습하므로 편도체 내의 회로를 수정·변화시키려면 이런 결합에서 변화를 경험해야 한다. 물론 당연하게도 불안 환자가 쥐 가까이 다가가면 쥐 기억 회로가 활성화되어 당장 불안을 느끼게 될 것이다. 그렇지만 물러서지 말아야 한다. 유감스럽게도 사람들은 보통 그런 식으로 쥐와 직접 대면하는 경험을 피하고, 그런 의도적 회피는 편도체가 새로운 연결 관계를 형성하지 못하게 한다.

쥐의 사례로 돌아가 보자. 불안 환자는 쥐에 관해 생각하는 것조차 피하려 든다. 생각만으로도 편도체가 반응하여 불안 반응을 일으키므로 본능적으로 피하는 것이다.

일반적으로 편도체는 불안 트리거에 노출되는 것을 피함으로써 기존의 학습된 정서 반응을 보존하려는 경향이 있다. 하지만 이렇게 하면 기존 회로를 변화시킬 가능성이 줄어든다. 최고의 생존주의자를 자처하는 편도체는 지나칠 정도로 경계심이 강하고, 불안을 가져오는 트리거에 노출되는 일을 최대한 줄이려는 것을 기본 방침으로 삼는다. 하지만 다시 말하지만, 불안 환자가 그런 식으로 트리거를 피하는 데 계속 성공한다면, 역설적으로 불안 반응은 결코 수정되거나 사라지지 않을 것이다.

우선 불안 반응을 수정하기 위해 기존 편도체의 회로를 일부 활용할 필요가 있다. 이런 생각의 전환을 받아들여야 한다. 이렇게 해야 새로운 연상 관계를 수립할 수 있다. 우리는 "(새로운 두뇌 회로를) 구축하기 위해 활성화한다(activate to generate)"라는 간결한 구절을 좋아한다. 이는 편도체 언어에서 가장 도전적인 교훈이다. 새로운 학습을 발생시키는 데 필요한 불안 경험을 일부 받아들이는 건 쉬운 일이 아니다. 당신이 용기를 내어 특정 대상이나 상황에 관한 편도체 기억을 활성화하는 경험에 관여한다면 편도체의 고유 언어로 편도체와 소통하게 됨은 물론이고, 새로운 신경 회로가 형성되고, 옛 기억을 대체하는 새로운 학습이 일어나는 최적 상황에 놓이게 된다.[5]

요약: 불안의 뿌리에는 편도체가 있다

이 장에서는 편도체가 경험하는 연상 결과로 어떻게 불안

---

5 우리 속담에 "땅에서 넘어진 자 땅을 짚고 일어나라"라는 것이 있는데, 〈사례 21〉의 샘의 경우를 가져와 설명해보면, 조수석에 앉는 상황을 불편하게 여기는 불안 증세를 이기려면 먼저 조수석에 앉아 그 상황에 적응하는 훈련을 하면서 편도체의 기존 회로를 수정하는 수밖에 없다. 이렇게 하지 않고, 트리거(조수석 앉기)를 무작정 피하는 식으로는 아무리 애를 써도 기존의 편도체 반응 회로를 바꾸지 못한다.

이 생기는지 살펴보았다. 신체 보호라는 편도체의 주요 기능을 알았고, 또한 당사자가 그 내용을 인식하지는 못하지만, 정서 반응으로 경험하는 기억을 만들어낸다는 것도 알게 되었다. 위험 상황에 처했다는 기분이 들면, 편도체는 즉각 뇌와 신체 모두를 장악하는 반응 체계를 이미 확보하고 있다. 하지만 편도체는 경험을 통해 학습하면서 기존 회로를 수정할 수도 있고, 또 편도체의 고유한 연상 언어를 활용하여 새로운 연결 관계를 형성할 수도 있다.

이 책의 7, 8장에서는 편도체 재설계법을 거론하면서 그런 방법을 통해 편도체가 불안을 덜 느끼는 방식으로 상황에 반응하는 요령을 살펴볼 것이다. 여러 해 동안 수수께끼 같은 편도체 기반 불안으로 고생한 불안 환자들이 이런 방법을 터득한다면 커다란 해방과 통제의 느낌을 갖게 될 것이다.

제3장

피질은 어떻게
불안을 만들어내는가

편도체 통로가 즉시 다양한 신체 반응을 활성화하기는 하지만, 불안
은 피질 통로에서도 생길 수 있다. 피질은 편도체와는 전적으로 다른
방식으로 작동하지만, 그 반응과 회로는 편도체의 불안 생성 방식에
도 기여한다. 이런 과정을 통해 피질은 불필요한 불안을 만들어낼 수
있고, 또 편도체에서 비롯된 불안을 더 악화시킬 수 있다. 피질이 불
안을 일으키고 불안에 힘을 더하는 방식을 이해하면, 불안 환자는 피
질 반응을 제어하거나 수정하여 불안을 크게 줄일 수 있다.

피질에서 불안이 생기는 두 근원

피질은 두 가지 일반적인 방식으로 불안을 일으킨다.

첫째, 외부 사물의 광경이나 소리 같은 감각 정보를 처리하는 방식에서 불안이 생긴다. 이미 위에서 논의했듯, 시상은 감각 정보를 피질로 보내고, 마찬가지로 편도체로도 보낸다. 피질은 이런 정보를 처리하는 과정에서 아주 안전한 감각을 하나의 위협으로 잘못 해석할 수 있다. 피질은 이어 그 메시지를 편도체로 보낸다. 이 경우, 피질은 본래 편도체를 활성화할 염려가 없는 중립 경험을 위협으로 바꾸는데, 그 결과 편도체가 불안 반응을 일으키는 것이다.

사례30

여러 대학에 지원한 어떤 고등학교 3학년 학생은 편지를 살피다가 지원했던 대학 중 하나에서 보낸 서류 봉투를 보았다. 겉면만 보고도 불합격 통지서로 생각한 그 학생은 봉투를 열기 전까지 잠시 무척 불안해했다. 그런데 봉투를 뜯어보니 합격은 물론이고 장학금까지 주겠다는 내용이었다. 하지만 그전에 학생의 피질은 합격 여부와 관련해 고통스러운 생각을 떠올리는 방식으로 서류를 해석함으로써 몸은 불안 반응을 일으켰고, 이런 생각은 편도체를 활성화했다. 이렇듯 피질 기반 불안은 피질이 애초 받아들이는 감각 정보를 어떻게 해석할지에 달려 있다.

둘째, 피질은 어떤 구체적인 외부 감각의 개입 없이 불안을 발생시킨다. 예를 들어, 걱정이나 고통스러운 생각이 피질에 한번 생기면 당사자는 객관적으로 어떤 위험 대상을 보거나 듣거나 느끼지도 않았는데도 그의 뇌는 불안 반응을 일으키도록 편도체를 자극하여 활성화한다.

사례31

젖먹이 아들을 베이비시터에게 맡기고 저녁 식사를 하러 나갔다가 갑자기 아이 안전이 걱정되는 부모가 그런 사례이다. 아이는 아주 안전한 상황이지만, 부모는 아이가 고통을 받거나 베이비시터가 아이를 방치하는 게 아닌가 문득 불안해한다. 이러한 생각과 이미지는 아이가 위험하다는 걸 나타내는 객관적 감각 정보가 주어지지 않은 상태에서도 편도체를 자극하여 활성화한다.

인지 융합: 생각과 현실의 혼돈

피질이 불안을 일으키는 이런 두 가지 방법을 자세히 검토하기 전에, 그 두 방법에서 발생할 수 있는 어떤 과정에 대해 살펴보자. 바로 단순한 생각을 절대적 진실이라고 믿어버리는 현상을 말하는데 이것을 인지 융합(cognitive fusion)[6]이라고 부른다. 이것은 피질에서 발생하는 가장 큰 문제 중 하나이며, 자기 생각과 감정이 의문의 여지가 없는 궁극적 진실로서 취급되어야 한다는 완고한 믿음을 낳기도 한다. 앞서 언급한 고등학교 3학년 학생(사례 30)과 걱정하는 부

---

6 융합이라는 용어에 대해 요즘은 '퓨전'이라는 원어를 그대로 사용하기도 하는데 퓨전은 여러 가지 다른 요소를 종합하여 좋은 결과를 낸다는 긍정적인 뜻으로 많이 쓰인다. 그러나 인지 융합이라는 용어 속의 융합은 '착종(錯綜), 혼동, 오해' 정도의 뜻이다. 즉, 생각과 현실이 다른데도 서로 같은 것이라고 오해한다는 뜻이다. 인지 융합과 비슷한 말로 인지적 부조화(cognitive dissonance)라는 용어가 있는데, 모순 또는 상반되는 신념, 태도 따위를 동시에 갖는 데서 오는 심리적 불안을 가리키는 말이다.

모(사례 31) 모두 부정적 생각과 이미지를 과도하게 진지하게 받아들임으로써 인지 융합의 희생양이 될 수도 있었던 경우이다.

생각과 현실을 혼동하는 것은, 모든 생각, 정서 혹은 신체 감각의 진짜 의미를 자신이 온전히 파악하고 있다고 믿는 피질의 자신감 때문에 벌어지는데 이는 무척 빠져들기 쉬운 유혹이다. 실제로 피질은 놀라울 정도로 오해와 실수를 쉽게 저지른다. 잘못되고, 비현실적이거나 비논리적인 생각을 하거나 도무지 말이 되지 않는 정서를 경험한다.

머릿속에 떠오르는 정서와 생각을 모두 진지하게 받아들여야 할 필요는 없다. 그런 생각과 정서에 대해서는 별로 신경 쓰지 않고 깊이 분석하지도 말며 그냥 머릿속에서 흘러가게 내버려두라.[7] 인지 융합에 관해서는 11장에서 상세히 논할 것이다. 이런 정보를 알고 있으면, 당신이 인지 융합에 빠지기 쉬운 사람인지 여부를 평가할 수 있고, 또 그런 생각들을 그냥 흘려보내는 방법도 터득할 것이다.

감각 정보 없이도 불안함을 느낄 때

이제 피질이 불안을 유발하는 다양한 방식에 대해 자세히 살펴

---

[7] 소설가 서머셋 몸은 "내 머릿속에서 오가는 불순한 생각들을 모두 밖으로 표출한다면 나는 사회에서 추방되고 말 것이다"라는 말을 했다. 모두가 그렇다. 성인 토마스 아퀴나스는 그런 생각들을 머리 위로 날아가는 새들에 비유하면서 그냥 흘러가게 내버려두라고 권했다. 단지 그 새들이 당신의 머리에다 배설물을 싸 갈길 때만 반응하면 된다는 것이다.

불안할 땐 뇌과학

보자. 먼저 그 어떤 감각 정보 없이 피질에 의해 만들어진 생각이나 이미지에서 생기는 불안이다. 그 발생 과정에는 생각 기반과 이미지 기반이라는 두 개의 하위 범주가 있다. 대체로 생각과 이미지는 피질의 서로 다른 반구에서 발생하는데, 생각 기반 불안은 좌반구에서, 이미지 기반 불안은 우반구에서 나타난다. 그렇긴 해도 이런 피질로 유발되는 두 가지 유형의 불안은 서로 배타적이지 않다. 실제로 그것은 종종 함께 발생한다.

좌반구 기반 불안(생각에서 나오는 불안)

고통스러운 생각은 피질 왼쪽에서 나올 가능성이 더 큰데, 이곳은 대체로 언어를 주도적으로 관장하는 반구이다. 좌반구에서 발생하는 논리적 추론은 걱정과 말의 형태를 띠는 반추(反芻)의 기초가 된다(엥겔스 등 2007). 걱정은 어떤 상황의 부정적 결과를 미리 마음에 떠올리는 과정이다. 반추는 문제, 관계 혹은 있을 법한 갈등을 반복하여 생각하는 사유 방식이다. 반추에서는 상황에 관한 세부 사항과 벌어질 수 있는 인과 관계를 세심하게 분석한다(놀런-혹스마 2000). 사람들은 걱정이나 반추 같은 사유 과정이 불안 해소를 가져올 것으로 기대하지만, 실제로는 그런 기대와 정반대로 불안을 일으키는 피질 회로를 강화할 뿐이다. 여기에 더하여 반추는 우울증으로 이어지는 경향을 보였다.

엄청난 시간을 들여 생각하거나 살피는 대상이 무엇이든 간에 그것은 피질에서 강화될 가능성이 크다. 뇌의 신경 회로는 "가장 분주한 것이 생존한다"(survival of the busiest)라는 원칙으로 작동한다(슈워츠, 베글리 2003, 17). 또한, 우리가 반복하여 활용하는 두뇌 회로는 무엇이든 장래에 무척 쉽게 활성화될 가능성이 크다. 이것은 다르게 말하면, 걱정을 많이 하면 두뇌의 걱정 회로가 강화된다는 뜻이다. 그래서 깊이 생각하는 것은 불안 해소로 이어지지 않는다. 그 대신 걱정과 반추 과정이 피질 좌반구에서 우려(근심 걱정)에 관여하는 사유 과정을 강화하는 것이다.

때때로 사람들은 상황을 반복해 분석하면서 문제를 해결하는 게 아니라 심적으로 더욱 당황하게 되고, 불안 우려(anxious apprehension)라고 부르는 경험을 한다(엥겔스 등 2007). 이런 반복되는 걱정스러운 생각은 마음속에서 끊임없이 되풀이되고, 점점 더 떨쳐버리기가 어려워진다. 이런 부류의 반복적인 생각은 특히 불안장애와 강박장애가 있는 사람들에게서 흔히 발견된다.

우반구 기반 불안(상상과 이미지에서 나오는 불안)

어떤 상황을 자세하게 상상하는 인간의 능력은 피질 우반구에서 나오고, 뇌의 이 영역은 분석적이고 언어적인 좌반구와는 다른 방식으로 세상에 접근한다. 우반구는 비언어적이고, 전체적이고 통합적인 방식으로 상황을 처리한다. 그리하여 전체 패턴을 보고, 얼굴을 인식하고, 감정을 확인하고 표현하도록 해준다. 또한, 우리에게 시각적 이미지, 상상, 공상 그리고 직감을 제공한다. 이런 우반구의 능력 덕분에 상상과 이미지에 토대를 둔 불안이 만들어진다.

시각적으로 뭔가 무서운 걸 상상한다면 당신은 피질의 우반구를 활용하는 중이다. 상상 속에서 비난조의 목소리가 들리면 이 또한 우반구가 개입한 것이다. 상상 활용을 특히 잘한다면 편도체가 반응해올 것을 기대해도 된다. 우반구가 두려운 이미지를 만들어낼 때 편도체가 쉽게 활성화되기 때문이다.

많은 연구는 우반구가 불안 증상과 강력히 연관되어 있음을 보여준다(켈러 등 2000). 실제로 우리가 강력한 자극과 극심한 공포를 느끼는 불안은 좌반구보다 우반구에서 더 강력히 활성화된다(엥겔스 등 2007). 예를 들어 공황장애를 겪는 사람들은 우반구 기반의 불안을 보일 가능성이 더욱 크다(니시키, 헬러, 밀러 2000). 따라서 강력하고 자극적인 불안은 피질 우측이 활성화된 경우다. 경계(vigilance), 즉 위험 징후가 있는지 환경 전체를 살피는 일반적인 각성 상태 역시 우반구에 근거를 두고 있다(윔, 매슈스, 패러수러먼 2009).

피질이 감각 정보를 해석하는 과정에서 불안을 느낄 때

이제 이번 장의 앞부분에서 서술했던 다른 유형의 피질 기반 불안에 대해 알아보자.

외부에서 오는 어떤 감각은 피질의 해석이 없었더라면 중립적인 감각 정보에 그쳤을 것인데 그 해석이 개입하면서 불안이 발생한다. 때때로 우리는 완벽히 안전한 상태에 있지만, 피질이 어떤 감각 정보에 반응하여 위험하거나 혼란스럽다고 여기게 한다. 시상을 통해 들어오는 감각 정보는 그런 정보를 처리하고 해석하는 피질 회로를 거쳐 의미가 부여된다. 대학에 불합격했다고 생각했지만 실제로는 장학금까지 받고 합격하게 된 고등학생 사례를 다시 보자(사례 30). 그의 피질은 편지 봉투를 고통스러운 소식의 원천으로 해석했고, 그리하여 아주 무서운 대상으로 보았다.

대뇌피질의 전두엽은 미래 사건을 숙고하고 그 결과를 미리 상상한다. 이러한 능력은 종종 무척 유용한데, 피질에서 나온 해석 덕분에 다양한 상황에 미리 대비할 수 있기 때문이다. 그러나 문제는, 불안을 일으키는 방식으로 피질이 반복적으로 반응할 때, 좋은 쪽만 아니라 나쁜 쪽으로도 반응한다는 것이다. 특정 학습 경험, 특정 생리 과정 혹은 가장 흔하게 벌어지는 이 두 가지 결합 때문에, 피질 회로는 좋은 쪽으로만 작동하는 것이 아니라 걱정, 비관주의 그리고 다른 부정적 해석 과정을 촉진하는 방식으로 반응한다. 즉, 피질이 아주 안전한 상황을 하나의 위협적 상황으로 해석하면 우리는 뜬금없는 불안을 느끼게 된다. (제3부에서 이 부분을 더욱 상세히 논할 것이다.)

사례32

데이먼 사례를 보자. 그는 애완견을 데리고 근처를 산책하는 중이었다. 그러다 자신의 집 방향으로 소방차가 불을 켜고 사이렌을 울리며 움직이는 광경을 봤고, 이를 자기 집에 불이 난 것으로 해석한다. 그 결과 그는 갑자기 엄청난 불안을 느끼기 시작한다. 그가 느끼는 불안의 원인은 소방차 자체가 아닌 소방차의 의미에 관한 피질의 해석인 것이다. (도해 5는 이런 과정을 보여준다.)

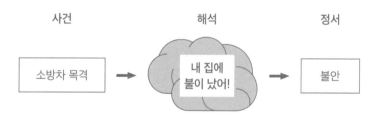

도해 5 피질의 해석은 어떻게 불안을 만들어내는가?

불안할 땐 뇌과학

〈도해 5〉는 소방차를 목격한 실제 사건이 아니라, 데이먼의 피질에서 발생한 생각이 그의 불안을 만들어냈음을 잘 보여준다. 실제로 데이먼의 위치에서는 어디에 불이 났다는 걸 확인하는 정보는 얻을 수 없고, 따라서 단지 소방차를 보았다는 것만으로는 불안이 생길 이유는 없다. 그의 피질이 어딘가에서 불이 났다고 결론 내는 건 당시에는 합리적이지만, 그 화재는 데이먼의 집과 아무런 관련 없는 사고나 응급 의료 상황일 가능성이 크다.

사례33

하지만 데이먼은 이런 선택지를 고려하지 않고 자기 집에 불이 났다고 상상한다. 그 결과 그의 좌반구는 "내가 난로를 끄지 않고 집에서 나온 게 아닐까" 혹은 "우리 집 전기 배선은 너무 낡았지" 같은 화재가 시작된 여러 경로를 생각하느라 여념이 없다. 그러는 사이 그의 우반구는 불길에 삼켜진 부엌 이미지를 열심히 만들어낸다.

그의 편도체는 이런 부류의 생각과 이미지에 반응했을 가능성이 크고, 이런 비상 상황에 대처한답시고 갑작스럽게 공황에 빠져든 채 집으로 달려갔을 수도 있다. 실제로는 집에 아무런 위협이 없었는데도 말이다. 이 경우 그의 해석이 곧 그가 느끼는 불안의 원천이다.

매 맞기 전이 가장 불안한 이유

대뇌피질이 미래에 벌어질 일을 예견하고 그 결과를 상상하므로 우리는 축복이면서 동시에 저주가 될 수 있는 예측 능력을 경험한다. 앞으로 무엇이 벌어질지 예상하는 예측(anticipation)은 미래 일을 생각하거나 마음에 생생하게 그려 미리 대비하도록 하는 피질의 능력이다.

예측은 주로 이마 뒤에 있는, 언어 관장 부분인 좌반구 전전피질(prefrontal cortex)에서 발생한다. 좌측 전전피질은 계획을 세우고 행동을 실행으로 옮기는 뇌 부분이다. 앞으로 어떤 방식으로 행동하도록 대비시키자는 예측이 거기서 나온다.

우리는 긍정적인 방식으로 예측하고 다가올 일에 흥분을 느끼고 간절히 바랄 수도 있다. 하지만 이와는 정반대로 부정적인 방식으로 예측할 수 있고, 더 나아가 어떤 위험한 사건을 예상하고 상상의 나래를 펼치기도 한다. 그리고 이것은 당사자에게 엄청난 고통으로 이어진다.

부정적인 상황 예측은 위협적인 생각과 이미지를 만들어내고 이것은 불안을 크게 가중한다. 사실, 예상되는 사건 자체보다 앞으로 어떤 일이 펼쳐질지를 예상하면서 마음이 더 괴로워지는 경우가 많다! 많은 경우 잠재적 대결, 시험 혹은 완료해야 할 과제 등을 떠올리면서, 앞으로 다가올 상황에 대해 사람들은 실제 상황보다 훨씬 더 좋지 않은 부분을 생각이나 이미지로 떠올린다. 오죽하면 공포를 당하는 것보다 공포스러운 장면을 떠올리는 것이 더 무섭다고 하겠는가.

위에서 살펴본 바와 같이, 피질에는 언어를 활용하고 이미지를 만들고 미래를 상상하는 능력이 있다. 이 때문에 피질은 불안을 느낄 이유가 없는 때조차 편도체에 자극을 주어 불안 반응을 일으키도록 유도한다. 사람들은 보통 불안을 일으키는 피질 역할을, 편도체 역할을 인식할 때보다 더 쉽게 생각한다. 이렇게 된 것은, 우리가 피질에서 만들어지는 생각과 이미지 언어를 더 잘 관찰하고 이해할 수 있기 때문이다.

물론 우리는 피질의 몇몇 부분은 편도체보다 더 직접 통제하고, 그 때문에 피질에서 생성된 생각과 이미지에 더욱 잘 개입하고 변화시킬 수 있다. 그렇기는 해도 피질 통제가 훨씬 쉽다고 언제나 말할 수 있는 것은 아니다. 각 개인의 피질은 특정한 반응 패턴으로 확립되었고, 이런 습관이 일단 굳어지면 거기에 개입하고 변화를 주는 게 어렵지만, 그래도 반응 패턴에는 어느 정도 변화를 줄 수 있다. 관련해서는 제3부에서 자세히 설명한다.

아무 일이 일어나지 않는데도 마음이 불안하다면

피질 불안 통로에 관한 논의는 통로의 최종 요소, 즉 편도체 역할을 언급하면서 비로소 끝난다. 피질은 그 자체로는 불안 반응을 일으킬 수 없다. 편도체와 뇌의 다른 부분이 협조해야 한다. 실제로 뇌졸중, 질병, 부상 등으로 편도체가 제대로 작동하지 못하는 사람은 두려움 경험 방식이 대다수 사람과는 다르다.

우르바흐 비테 증후군(Urbach-Wiethe disease)이라는 드문 질병으로 편도체가 모두 파괴된 한 여자의 사례다(파인스타인 등 2011). 그녀는 아무런 공포를 느끼지 않는 상태로 살아가며 거미, 뱀에게 노출되거나 혹은 끔찍한 공포 영화 장면도 태연히 볼 수 있다. 심지어 더욱 놀라운 건 노상에서 권총 강도를 만난 적이 있었는데 거의 죽을 뻔했으면서도 그녀는 어떤 순간에도 공포를 느끼지 못했다는 것이다. 실제로 그녀는 여러 범죄의 피해자였는데, 제대로 기능하는 편도체가 없었기 때문이었다. 그녀의 여러 경험은 공포 반응의 원천이 편도체임을 실증한다. 그녀의 이야기는 편도체의 공포 반응이 없다면 삶이 어떤 형태를 취하는지 엿보게 한다.

피질에서 비롯되는 생각, 이미지 혹은 예측이 무엇이든 간에 불안의 정서적·생리적 양상 다수는 피질이 편도체를 활성화할 때만 발생한다. 편도체는 피질에서 전달된 정보에 반응한다. 실제로 편도체는 어떤 실제 사건에 반응할 때와 똑같은 방식으로(비록 그런 상황이 벌어지지 않았는데도), 우리의 상상에 반응할 수 있다. 잠재적 위험에 관한 생각이나 이미지에서 나오는 정보는, 실제 사건의 인식 및 해석과 관련된 정보가 이동하는 것과 똑같은 통로를 타고 이동한다. 앞에서 이미 논의했듯 편도체는 시상을 통해 감각 정보를 받고는 거의 실시간으로 그것을 처리한다. 이와 무관하게 피질이 정보를 처리하고 해석하느라 시간 지연이 된 후에도 편도체는 피질로부터 정보를 받는다. 신경과학자들은 편도체가 피질에서 받은 정보를 놓고 어떻게 그 타당성 여부를 구분하는지, 구체적 메커니즘은 아직도 밝혀내지 못하고 있다.

피질에 대한 편도체의 정보 의존이 유익한지 혹은 유해한지 살피기 위해, 피질에서 나오는 생각이나 이미지에 편도체가 어떻게 반응하는지 보여주는 두 가지 사례를 보자.

샬럿은 어느 날 저녁 집에 있다가 뒷문에서 누군가 들어오는 익숙한 소리를 들었다. 매일 밤 남편이 퇴근하여 집에 올 때마다 들었던 익숙한 소리였기에 그녀의 편도체는 그 소리를 위험 신호로 여기지 않는다. 하지만 샬럿은 피질 작용(추리·사고 작용) 덕분에 남편이 현재 낚시 여행을 떠났고, 이번엔 뒷문으로 들어올 사람이 없다는 것을 알고 있다. 그래서 그녀의 피질 작용은 위험에 대한 생각과 낯선 사람이 집을 침입해오는 이미지를 낳았다. 샬럿의 피질에서 비롯된 이런 생각과 이미지는 편도체에 영향을 미쳐 투쟁, 도주 혹은 얼어붙기 반응을 작동시킨다. 샬럿의 심장은 마구 뛰기 시작하고, 하던 일을 중단했다. 그녀는 갑자기 불안에 빠져 자신을 안전하게 지키는 데 집중하기로 한다.

샬럿의 편도체는 문소리 자체에 반응하지 않는다. 오히려 집에 낯선 사람이 들어왔을지 모른다는 샬럿의 '생각'에 반응한다. 피질에서 전달된 정보에 반응하며 편도체는 자신이 인식하지 못한 위험에 대비하여 경계할 수 있게 된다. 편도체는 피질에 의지하여 추가 정보를 얻는다. 그러나 때때로 편도체의 이런 피질 의존은 다음 사례처럼 불필요한 불안으로 이어지기도 한다.

샬럿은 남편이 출장을 떠나서 집에 홀로 있게 되었다. 그녀는 평소와 다른 소리를 듣지 못했지만, 침대에 누웠을 때 불편한 감정이 들었다. 침대에 누워서 밤에 들리는 여러 가지 소리에 귀를 열고 있을 때, 누군가가 집으로 침입하는 걸 상상한다. 그녀는 침입자가 무기를 들고 집 안으로 들어와 이리저리 걸어다니는 광경을 그려보고, 그녀의 편도체는 피질에서 만든 이런 이미지에 반응한다. 위험에 빠졌다는 직접적인 증거는 없지만 그녀의 편도체는 여전히 투쟁, 도주 혹은 얼어붙기 반응을 작동시켜 피질에서의 정보 활동에 반응한다.

갑자기 샬럿은 끔찍한 공포를 느낀다. 위험을 보여주는 강력한 증거가 없음을 스스로 아는데도 호흡은 가빠지고, 빨리 숨거나 도움을 요청해야 한다는 생각마저 든다. 샬럿의 편도체는 마치 그것이 실제 위험이기라도 한 것처럼 피질의 생각과 이미지에 반응하여 무척 현실적인 공포 반응을 일으킨다.

이 두 사례(사례 35과 36)에서 보았듯 피질이 무엇을 생각하고 어디에 집중하는지는 개인의 불안 수준에 확실히 영향을 미친다. 그런데 편도체 관점에서 보자면, 편도체가 직접 받은 감각 정보에서 위험을 발견하지 못했음에도, 피질은 생각과 이미지를 통해 편도체에게 반응을 요청한다. 그러면 편도체는 그에 대한 작용으로 투쟁, 도주 혹은 얼어붙기 반응을 작동시킬 수 있다. 이런 식으로 편도체가 개입하면 우리는 불안과 연관된 신체 감각을 경험하기 시작한다.

다행스럽게도 편도체를 활성화하는 피질의 생각과 이미지를 중단 및 변화시키는 여러 기법이 있다. 우리는 연습을 통해 불필요하게 편도체를 자극하지 않으면서도 피질 회로를 재설계할 수 있다. 첫 단계는 피질이 불안을 유도하는 생각이나 이미지를 만들어내는 시점을 정확하게 인지하는 것이다. 이런 생각에서 불안이 나온다는 사실을 명확히 인식할 때, 그 생각의 정체와 발생 시점을 파악함으로써 그것이 미치는 영향을 사전 예방할 수 있다.

요약: 피질과 편도체의 연결 고리

이제 우리는 불안이 피질에서 생기는 다양한 방식을 알게 되었다. 편도체가 좌반구에서 발생한 생각과 우반구에서 발생한 이미지로 활성화될 수 있다는 사실도 파악했다. 또한, 인지 융합의 위험을 알게 되었고, 피질의 해석과 예측이 편도체를 자극해 공연한 불안을 일으키는 것도 확인했다. 제3부에서 우리는 불안으로 이어질 수 있는 특정 피질 기반의 해석과 반응을 검토하고, 피질이 발생시키는 생각과 이미지를 바꾸는 여러 전략을 논할 것이다.

우선 다음 장에서 불안이 생기는 다양한 양상을 고려하고 그것이 주로 피질에서 나오는지 아니면 편도체에서 나오는지 정확히 짚어보기로 하자. 이렇게 불안의 발생 출발점을 정확히 파악하는 것은 불안 통제를 위해 두뇌 회로를 재설계하는 핵심 단계다. 불안의 출발점을 확인하면 문제를 효과적으로 다루는 올바른 기법을 적용할 수 있다.

제4장

불안의 출발점 확인하기

불안은 대체로 뇌의 다양한 부분이 개입하는 복잡한 반응이다. 편도체와 피질이 모두 한몫하지만, 무엇보다 불안이 어디서 시작되는지 아는 게 중요하다. 그런 근거가 있어야 불안을 줄이는 데 어떤 계획이 가장 유용한지 결정할 수 있다. 이번 장에서는 불안이 피질 기반인지, 편도체 기반인지 혹은 둘 다인지 평가하고, 불안한 생각과 반응이 우리 삶에 어떻게 영향을 미치는지 더 많이 알고자 한다.

불안은 어디서 시작되는가?

지금까지 이해한 사실을 정리해보자. 편도체가 불안 반응의 생리적 원천이고, 더 나아가 불안에 관련된 신체적 감각을 만들어내며, 종종 피질 기반의 사고 과정을 강제 중단시키면서 자기주장을 하고 나선다. 그렇기는 하지만 불안이 오로지 편도체에서만 시작되는 건 아니다. 불안은 편도체를 자극하는 생각과 이미지를 만들어내는 피질에서도 생긴다. 으르렁거리는 개를 보고 불안을 느끼고 숨이 가빠진다면 그것은 편도체에서 시작된 불안이다. 중요한 전화를 기다리면서 초조하게 서성거린다면 그것은 피질에서 시작된 불안이다. 이처럼 먼저 불안이 어디서 어떻게 시작되는지 알아야 한다. 그래야 불안에 대한 효과적인 접근법을 결정할 수 있다.

불안이 편도체에서 시작될 때 피질 기반의 개입, 가령 논리와 추리 작용 등은 불안 해소에 그리 도움이 되지 않는다. 이 사실을 기억하는 게 중요하다. 편도체 기반 불안을 확인할 수 있는 특징이 있다. 예를 들어 그런 불안은 갑자기 불쑥 튀어나오며, 강력한 신체 반응을 일으키고, 주어진 상황에 비해 과도하게 반응하는 경향이 있다. 편도체에서 시작된 불안을 수정하려면, 먼저 편도체 언어를 사용해야 한다. 편도체에서 시작된 불안은 제2부 "편도체 기반 불안의 통제"에서 다루는 여러 치료 방법으로 효과적으로 줄일 수 있다.

반면 불안이 피질에서 시작되었다면 가장 효과적인 접근법은 생각과 이미지를 변화시켜 편도체에 가하는 자극을 줄이는 것이다. 이런 효과를 가져오는 방법에 대해서는 제3부 "피질 기반 불안의 통제"에서 다룬다. 아무튼 피질이 편도체를 자극하는 횟수를 줄이면 전반적인 불안이 줄어든다.

이번 장의 나머지 부분은 불안이 어디서 생기는지 확인할 수 있는 간략한 평가 방법을 다룬다. 이런 방법은 각 개인의 불안 기반을 파악하는 데 도움을 주려는 것이다.

피질 기반 불안 알아차리기

먼저 피질 회로에서 생기는 불안을 살펴보자. 피질은 어떤 생각 혹은 이미지를 활성화한다. 이렇게 생긴 생각과 이미지가 결국 편도체를 자극하여 각종 스트레스 반응과 불쾌한 증상을 활성화한다. 피질 기반 활성화는 그 종류가 다양하지만, 잠재적으로 모두 똑같은 결과를 가져온다. 즉, 불안을 경험하게 하는 것이다.

아래 평가는 피질 통로가 불안을 작동시키는 흔한 방법 몇 가지를 제시하여 당신이 경험하는 불안이 어떤 종류인지 확인하게 한다. 통상적으로 사람들은 피질에서 발생하는 특정 생각과 이미지에 별 관심을 보이지 않으므로, 특정 순간에 피질에서 무슨 일이 벌어지는지 더욱 경계하고 예민하게 의식해야 한다. 그래서 그것이 완전한 불안으로 나빠지기 전에 미리 수정할 수 있다. 이에 대한 구체적인 방법은 제3부에서 자세히 설명한다.

훈련 좌뇌 기반의 불안 확인하기

제3장에서 설명했듯, 피질 좌반구는 앞으로 무슨 일이 벌어질지 걱정하고 반복적으로 해법을 찾는다. 이러한 좌반구의 성향에서 여러 유형의 불안이 생긴다. 이런 종류의 불안에 익숙한 사람들은 어떤 상황을 반추하거나 그것에 지나치게 집중하고 혹은 반복해서 논할 필요가 있다고 느낀다. 아래 사례를 읽고 당신에게 해당하는 항목을 체크하라.

☐ 나는 일이 잘못될 수 있는 다양한 방향과, 그때마다 내가 어떻게 대응할지를 생각하면서 잠재적인 문제 상황을 머릿속

으로 연습한다.

☐ 나는 종종 과거 상황을 생각하며, 더 나은 방향으로 나아갈 수도 있었던 여러 방식을 떠올린다.

☐ 나는 중요한 일이나 다른 주제에 관해 누군가에게 다양한 방법으로 말하는 모습을 생각하곤 한다.

☐ 때때로 나는 이어지는 부정적인 생각을 도저히 끊을 수 없고, 종종 이런 일로 잠들지 못한다.

☐ 나는 어떤 문제를 여러 관점에서 이리저리 생각하며 위안을 얻는다.

☐ 나는 어떤 상황이 발생했을 때 잠재적인 곤경에 대한 해법이 있으면 기분이 훨씬 좋아진다.

☐ 나는 스스로 여러 곤경을 떠올리며 곱씹는 경향이 있다. 이렇게 하는 건 내가 그런 곤경을 설명할 방법을 찾는 과정이기 때문이다.

☐ 나는 나를 불안하게 하는 상황에 대해 곰곰이 생각하는 것을 도저히 그만둘 수가 없다.

위의 여러 항목에 해당한다면 당신은 고통스러운 상황에 지나치게 많은 시간을 들여 집중하고, 불안을 강화하는 온갖 생각을 머리에 떠올리는 경향이 있다. 당신의 좌반구는 해법을 찾고자 하지만, 잠재적 곤경에 강력하게 집중하면 오히려 편도체를 자극할 수 있다. 당신은 앞으로 발생하지도 않을 여러 문제를 곰곰이 생각하느라 불안에서 해방될 기회를 자주 놓친다.

두뇌의 좌반구는 우리에게 가장 복잡하고 고도로 발달한 능력 몇 가지를 부여한다. 그런 좌뇌의 공헌이 없었더라면 우리 인간은 지금 누리고 있는 세상을 만들어내지 못했을 것이다. 하지만 좌반구에서 생기는 걱정과 반추는 불안을 해결하는 좋은 해법이 되지는 못 한다. 제3부에서 우리는 좌반구가 불안을 키우는 다양한 방법을 더욱 자세히 살펴볼 것이다. 비관주의, 걱정, 강박 관념, 완벽주의, 최악 사태 예상 그리고 죄책감 및 수치심 등 불안을 유도하는 특정 부류의 사유 과정을 밝히면서, 그런 생각 과정을 어떻게 바꿀 수 있는지 설명한다.

훈련) 우뇌 기반의 불안 확인하기

피질 우반구는 상상력을 발휘하여 실제로 일어나지 않는 사건을 시각화할 수 있게 해준다. 고통스러운 상황을 상상하면 편도체에 자극을 가하여 편도체를 활성화할 수 있다. 사람들이 만날 때 나타나는 비언어적 측면, 가령 표정, 어조 혹은 신체 언어 같은 것에 우반구가 집중하면 이런 정보에 관해 속단하게 된다. 예를 들어 상대방의 표정이나 몸짓을 과도하게 해석하여 그 사람이 화가 났다거나 실망하고 있다고 지레 추정하는 것이다. 아래 서술문을 읽고 당신에게 해당하는 것을 체크하라.

□ 나는 일이 잘못될 수 있는 다양한 방법과 남이 어떻게 반응할지를 상상하며 잠재적 문제 상황을 마음속으로 그려보는 편이다.

□ 나는 사람들의 어조에 무척 예민하게 반응한다.

□ 나는 상황이 내게 나쁘게 돌아가는 시나리오를 여러 가지로 상상하길 잘한다.

□ 나는 사람들이 나를 비판하거나 거부하는 방식을 다양하게 상상하곤 한다.

□ 나는 종종 나 자신이 창피함을 당하는 상황을 상상한다.

□ 나는 때로 끔찍한 일이 벌어지는 이미지를 본다.

□ 나는 내 직감에 의존하여 남들이 어떻게 느끼고 생각할지 알아내려고 애쓴다.

□ 나는 사람들의 신체 언어에 신경 쓰고 미묘한 신호를 눈치 채려고 노력한다.

위 문항 중 다수에 체크했다면, 당신은 무서운 시나리오를 상상하거나 정확하지 않은 사람들의 생각을 직관적으로 해석하려는 습관 때문에 스스로 불안감을 키우고 있음을 보여준다. 이런 우반구 기반 과정은 아무런 위협도 없는데도, 마치 위험한 상황에 있는 것처럼 편도체가 반응하게 만든다. 놀이, 훈련, 명상 그리고 이미지 훈련 등 다양한 전략은 좌반구 활성화를 증대하고, 긍정적인 정서를 만들어내고, 우반구를 진정시키는 데 도움을 준다. 우리는 이런 전략들을 6장, 9장, 10장과 11장에서 차례로 논의할 것이다.

훈련) 해석에서 발생하는 불안 확인하기

제3장에서는 사건, 상황 그리고 다른 사람의 반응에 대한 해석이 어떻게 불안을 발생시키는지 보았다. 이때 사람의 피질은 불필요한 불안을 생성한다. 불안은 상황 그 자체에서 생기는 것이 아니라, 피질이 내리는 상황 해석에서 생성된다.

먼저 당신의 피질이 지금 돌아가는 상황이 아무런 위험도 없는 중립 상황인데도, 잘못 판단하여 불안을 느끼는 경향이 있는지 밝혀야 한다. 아래 내용을 읽고 당신에게 해당하는 모든 항목을 체크하라.

- ☐ 나는 최악을 예측하는 경향이 있다.

- ☐ 나는 상대의 논평을 지나치게 개인적인 것으로 받아들인다.

- ☐ 나는 나의 실수를 잘 받아들이지 못하여 괴로움을 겪고, 실제로 받아들인 후에도 심한 자책감을 느낀다.

- ☐ 나는 사람들을 실망시키는 게 너무 싫어서 상대방의 요청을 잘 거부하지 못한다.

- ☐ 한번 좌절하면 너무 힘들어 포기하고 싶다는 마음이 든다.

- ☐ 뭔가 알아내는 데 문제가 생기면, 그로 인해 내가 모르는 어려움이 닥칠까 봐 미리 걱정한다.

- ☐ 나는 외모에 드러난 모든 흠에 신경 쓰는 경향이 있다.

- ☐ 누군가 내게 뭔가를 제안하면, 나는 그것을 나에 대한 비판으로 받아들이는 경향이 있다.

상기 리스트 중 다수에 해당한다면 피질 해석이 불안을 키우고 있을 가능성이 크다. 많은 사람이 특정 상황이 불안의 원인이라고 생각하지만, 불안은 늘 뇌에서 시작되지 상황에서 시작되지 않는다. 불안은 뇌가 생성한 정서이고, 그 정서는 상황 자체가 아니라 상황에 대한 뇌의 반응으로 유발된 것이다. 사람들은 각자 다른 해석을 내림으로써 같은 사건에 대해서도 각자 다른 반응을 보인다. 예를 들어 숲에서 늑대를 보는 일은 야영객을 놀라게 하겠지만 동물학자는 동물 행태를 살필 수 있는 좋은 기회라며 매료된다. 피질의 사건 해석은 당신이 경험하는 불안 강도에 커다란 영향을 미친다. 10장과 11장에서 불안을 만들어내는 해석을 물리치는 방법에 관해 논의할 것이다.

예측 기반의 불안 확인하기

미래 사건에 대해 예측하면서 당신은 피질을 활용하여 그 사건을 생각하거나 상상한다. 그런 미래 사건이 부정적일 가능성이 있으면 예측은 불안을 증대시킨다. 좌반구 기반의 불안처럼, 절대 벌어지지 않을 법한 일에 대해서도 불안해하기 시작한다. 설혹 일이 예측대로 발생하더라도 훨씬 이전부터 그 일을 깊이 생각하며 번민한다. 따라서 한 번만 사건을 경험하는 것이 아니라, 발생 이전에 여러 번 반복하여 경험하게 된다. 이렇게 미리 고통을 받고 나서 정작 그 우려했던 일이 발생하지 않으면 괜히 걱정하면서 고통받았다고 후회한다. 그렇지만 나중에 같은 상황을 만나면 비슷한 반응이 반복된다.

다음은 미래 사건을 예측하는 경향을 보여주는 몇 가지 습관이다. 당신에게 해당하는 것을 체크하라.

☐ 잠재적인 갈등이 다가온다고 느끼면 나는 많은 시간을 들여 생각하는 편이다.

☐ 사람들이 나를 화나게 할 만한 이런저런 말들이 먼저 떠오른다.

☐ 어떤 사건을 만나면 상황이 나에게 좋지 않게 전개될 법한 몇 가지 시나리오를 언제든지 떠올릴 수 있다.

☐ 뭔가 잘못되어 간다는 걸 알면 그 생각이 지속해서 마음을 사로잡는다.

☐ 큰일이 벌어지기 몇 달 전부터 나는 그것에 대해 극도로 걱정한다.

☐ 어떤 모임 앞에서 연설하거나 일을 진행해야 할 때 걱정하느라 생각을 멈출 수가 없다.

□ 위험이나 불쾌함을 겪을 가능성이 있다면 그것을 깊이 고민해야 한다고 느낀다.

□ 나는 종종 절대 벌어지지 않을 법한 문제와 그에 대한 해법을 생각하느라 시간을 낭비한다.

당신이 부정적인 사건을 예측하는 습관이 있다면 필요 이상으로 삶에서 불안을 스스로 만들어내고 있는 셈이다. 부정적인 일이 실제로 벌어지지 않는데도 일부러 그런 어려움을 예상하면서 미리 걱정해서는 안 되고, 그럴 필요도 없다. 이에 관해서는 11장에서 그런 경향을 바로잡는 여러 전략을 다룰 것이다.

훈련 │ 강박 관념 기반의 불안 확인하기

사람들에게 충동(불안을 줄이기 위한 노력으로 수행되는 행위나 의식)이 동반되는 강박 관념(반복적이고 억제할 수 없는 생각이나 의심)이 있을 때, 이런 강박적 행동은 피질의 생각에서 발생하고 편도체의 불안으로 더욱 촉진된다. 피질 전두엽에서 발생하는 강박 관념은 눈 뒤에 있는 부분인 안와전두피질(orbitofrontal cortex) 회로의 과도한 활성화에서 생긴다(주로스키 등 2012).

강박 관념과 충동적 반응을 둘 다 보여주는 아래 사항들을 읽고 당신에게 해당하는 것을 체크하라.

□ 나는 사물을 정리정돈하거나 사물 위치를 정확하게 유지하기 위해 엄청나게 많이 생각하고 또 시간을 들인다.

□ 나는 제대로 되었다고 생각될 때까지 일을 확인하거나 정리하는 데 골몰한다.

□ 나는 벗어날 수 없는 어떤 의심에 사로잡혀 있다.

□ 나는 오염과 세균에 대해 걱정한다.

□ 내가 받아들일 수 없다고 생각하는 몇 가지 생각이 머릿속에 계속 떠올라 괴롭다.

□ 나는 마음에 떠오르는 충동에 따라 행동하는 것이 아닌가 생각하며 신경 쓴다.

□ 나는 특정 아이디어, 의심 혹은 생각에 과도하게 빠져들고, 도저히 거기서 빠져나오지 못한다.

□ 나는 어떤 루틴을 밟아야만 일이 제대로 되어가고 있다는 생각을 하고 그것을 거르면 불안해진다.

위 리스트 중 여러 항목에 해당된다면 한번 생각해보라. 귀중한 시간을 빼앗아가는 불안 유지 패턴에 당신도 모르게 빠져 있지 않았는가? 강박 관념은 강박 행동 없어도 발생할 수 있다. 그러나 이런 행동이 불안을 일시적으로 줄여주는 걸 알면, 사람들은 종종 이런 강박 충동을 느낀다.[8] 유감스럽게도 강박 충동은 결국 어떤 도움도 되지 않는다. 그런데도 사람들은 편도체 작용으로 그런 행동을 계속 유지하는데, 그렇게 하면 일시적인 불안 경감을 느낄 수 있기 때문이다. 따라서 강박 관념과 강박 충동에 대처하려면 편도체와 피질 모두를 대상으로 하는 접근법이

---

8 계단을 오르는 것을 두려워하는 사람은 오르는 동작 자체를 두려워하는 것이 아니라, 계단의 테두리를 밟지 않고 반드시 정중앙만 밟으며 올라가야 하므로 끝까지 올라가기가 어렵다. 중간에 한 번이라도 실수하여 테두리를 밟으면 매번 계단 맨 밑에서 다시 시작해야 하므로 그 과정이 지루할 정도로 반복되어 마침내 계단 오르기를 포기한다. 이 사람에게 불안을 어느 정도 경감시키는 행동은 계단 정중앙을 밟는 것이다. 그러나 이것은 백 퍼센트 지키기 어려운 루틴이므로 결국에는 강박 충동을 강화해 아무런 도움이 되지 못한다.

불안할 땐 뇌과학

필요하다.

우리는 3부에서 피질 기반의 강박 관념과 그 치료법에 대해 논할 것이고, 8장에서 편도체가 부채질하는 강박 충동과 싸우는 노출 치료법도 설명할 것이다.

편도체 기반 불안 알아차리기

이제 피질 기반 불안의 원인을 확인했으니 편도체가 일으키는 불안을 평가하도록 하자. 다시 상기해보자면 어느 때가 되었든 당신이 불안이나 두려움을 느낀다면 그건 편도체가 개입한 것이다. 아래 서술문들은 당신의 불안 반응이 편도체 기반 경험인지 아닌지 확인하는 데 도움을 준다. 일단 불안의 출발점을 알면 그것을 가장 잘 통제할 수 있는 접근법을 선택할 수 있다. 어떤 불안이 편도체 자체 회로가 일으킨 것이라면 피질 대상 접근 전략을 사용하더라도 아무런 소용도 없다. 2부에서 우리는 편도체 기반 불안을 통제하는 데 유용한 여러 기법을 설명할 것이다. 여기에는 이완 전략, 두려워하는 대상이나 상황에 의도적 노출, 적극적 운동, 수면 패턴 개선 등이 있다.

특정 불안 반응을 일으키는 게 편도체인지 혹은 피질인지 알아내려면, 불안을 경험하기 전에 어떤 일이 벌어졌는지 살펴볼 필요가 있다. 특정 생각이나 이미지에 집중하고 있었다면 그건 피질에서 시작된 불안이다. 반면 특정한 대상, 장소 혹은 상황이 즉시 불안 반응을 이끌어냈다면 편도체가 출발점일 가능성이 크다.

이유가 밝혀지지 않은 불안 경험 확인하기

불안의 이유가 밝혀지지 않는 것처럼 보이거나 혹은 갑작스럽게 생겨 도저히 타당한 이유를 찾을 수 없을 때, 편도체가 불안 발생의 원인이라고 보아야 한다. 당신은 "내가 왜 이런 기분이 드는지 모르겠네. 도저히 이해되지 않아"라고 할 텐데, 당신 생각이나 경험에 비추어볼 때 그런 기분이 이해되지 않기 때문이다. 이미 언급했듯 편도체는 당사자가 무슨 일이 벌어지는지 의식하지 못하는 상태에서도 반응하며, 그런 반응은 종종 본인에게도 당혹스럽다.

이유가 밝혀지지 않은 불안을 서술한 아래 서술문을 읽고 해당 사항을 모두 체크하라.

☐ 때로는 이유도 없이 심장이 쿵쾅거린다.

☐ 남의 집을 방문했을 때 그곳 분위기가 좋음에도 불구하고 자주 집으로 가고 싶어 한다.

☐ 종종 내 정서 반응을 확실히 통제하고 있다는 생각이 들지 않는다.

☐ 나는 많은 상황에서 내가 왜 그런 식으로 반응하는지 설명할 수 없다.

☐ 불안이 뜬금없이 갑작스럽게 밀려들 때가 있다.

☐ 특정 장소에 가는 것에 편안한 느낌이 들지 않지만, 왜 그런 식으로 불편한지 타당한 이유를 댈 수 없다.

☐ 자주 느닷없이 공황 상태에 빠진다.

☐ 불안의 트리거를 제대로 파악할 수 없다.

이미 말했듯 이런 식이면 당신은 편도체 기억에 옳게 접근하지 못한 것이다. 그 결과 편도체가 반응할 때 어떤 대상에 그렇게 반응하는지 혹은 그 이유가 뭔지 모르는 것이다. 기쁜 소식이 있다면 왜 편도체가 그렇게 반응하는지 이유를 모를 때조차도, 편도체를 진정시키고 재설계하는 데 도움을 주는 여러 기법을 선택할 수 있다는 것이다.

훈련) 빠른 생체 반응 경험 확인하기

편도체가 불안의 근원일 때, 불안의 첫 조짐 중 하나로 뚜렷한 생리적 변화를 겪을 가능성이 크다. 생각할 시간을 갖거나 혹은 심지어 상황을 온전히 파악하기도 전에 당사자는 심장이 쿵쾅거리고, 진땀을 흘리고, 입이 마르는 걸 경험한다. 편도체는 교감 신경계에 동력을 제공하고, 근육을 활성화하고, 혈류에 아드레날린을 방출하도록 지시한다. 이처럼 불안의 첫 조짐으로 생리적 증상이 나타나는 건, 두뇌가 편도체 기반 불안을 처리하고 있다는 좋은 증거다.

아래 사항을 읽고 해당되는 것을 모두 체크하라.

- □ 나는 명백한 이유가 없을 때에도 심장이 빠르게 뛰곤 한다.

- □ 나는 순간적으로 평온하던 상태에서 완전한 공황 상태로 갑자기 빠질 때가 있다.

- □ 나는 호흡의 리듬을 일정하게 유지하기 힘들 때가 있다.

- □ 때로는 어지러움을 느끼거나 쓰러질 것 같고, 게다가 이런 느낌은 갑자기 생긴다.

- □ 당장이라도 속이 메슥거리고 심한 욕지기를 느낀다.

- □ 가슴에 답답함이나 통증을 자주 느끼고 심장을 의식한다.

☐ 무슨 힘든 일을 한 것도 아닌데 자주 땀을 흘린다.

☐ 느닷없이 몸이 덜덜 떨리기 시작한다. 내가 왜 이런지 전혀 알 수가 없다.

강력하고 빠른 생체 반응을 보여주는 이런 사례가 자주 일어난다면 다수 해당한다면 당신의 불안은 편도체 반응성에서 비롯된 것이다. 그런 반응을 경험하면 당신은 실제로 위협이 존재한다고 추정하게 된다. 하지만 편도체는 정확한 위험 지표에 반응하는 것이 아니라, 트리거에 반응하는 것이다. 따라서 위기감을 실제로 위협이 있다는 명백한 신호로 삼아서는 안 된다. 이런 생체 반응에 대하여 이 책의 2부에서 제안한 여러 전략을 사용하면 도움이 될 것이다.

훈련 | 예기치 않은 공격적인 기분이나 행동 확인하기

공격성은 투쟁, 도주 혹은 얼어붙기 반응에서 투쟁 요소에 기반을 두고 있다. 몇몇 사람은 갈등이나 위협 상황에서 뒤로 물러나 피하려 하지만, 공격적인 반응을 보이는 사람도 있다. 이들은 갑자기 위협받는 느낌이 들면 쉽게 화를 내고 다른 사람에게 폭언을 퍼붓는다. 편도체의 신체 보호 본능에서 나오는 이런 공격적인 반응은 특히 외상후스트레스장애(PTSD: Post Traumatic Stress Disorder)를 겪는 사람들의 특징이다.
예기치 않은 공격적인 기분이나 행동을 묘사하는 다음 사항을 읽고 해당하는 것을 모두 체크하라.

☐ 나는 특정 상황에서 예기치 못하게 감정이 폭발한다.

☐ 나는 종종 좌절감을 표현하기 위해 어떤 신체 반응을 보일 때가 있다.

- ☐ 갑자기 공격적으로 나섰다가 나중에야 내 반응이 과했다는 걸 깨닫는다.
- ☐ 나는 느닷없이 다른 사람들을 쏘아붙일 때가 있다.
- ☐ 스트레스가 심해지면 누군가를 때릴 수도 있다는 느낌이 든다.
- ☐ 남에게 폭언하고 싶지 않지만, 도저히 어떻게 할 수가 없다.
- ☐ 가족과 친구들이 나를 조심스럽게 대하는 게 느껴진다.
- ☐ 기분이 상하면 나는 물건들을 부수거나 집어던진다.

불안한 공격성 징후 경향이 많이 나타난다면 2부에서 제시하는 편도체 기반 개입을 주의 깊게 읽어볼 것을 권한다. 편도체가 공격적인 반응을 보이는 것이 불가항력적인 것 같지만, 당신은 그런 행동을 통제할 수 있다. 규칙적인 운동은 이런 부류의 공격적 반응을 억제하게 하고, 또 빠른 산보는 위협 상황에서 벗어나게 해서 공격적 행동 충동을 어느 정도 해소한다.

> **훈련** **생각을 제대로 하지 못하는 경험 확인하기**

마음이 불안할 뿐 아니라 어떤 일에 집중하거나 관심을 기울이기 어렵다면 이는 편도체 기반 불안을 보여주는 강력한 신호다. 편도체가 개입하면 피질 작용을 중단시키고 직접 사태 관장에 나선다. 이런 편도체 기반의 뇌 통제를 경험할 때 당신은 마음대로 생각을 통제할 수 없다. 진화적 관점에서 보면, 위험을 발견했을 때 편도체가 뇌를 장악하는 능력은 선사 시대부터 있어왔고 또 우리 선조의 생존을 도왔다. 그렇기에 편도체는 이런 보호의 능력을 계속 유지해왔다. 그렇지만 어떤 일에 집중하거나 생각하는 능력을 일시적으로 잃어버리는 건 여전히 난처하고 당혹스럽다.

생각을 제대로 하지 못하는 상태를 보여주는 아래 서술을 읽고 당신에게 해당하는 사항을 체크하라.

□ 압박을 받을 때 내 머리는 하얗게 되고 아예 생각을 떠올릴 수가 없다.

□ 나는 불안할 때 해야 할 일에 집중할 수 없다.

□ 초조해지면 정신을 집중하기 어렵다.

□ 누군가 내게 고함치면 제대로 반응할 수 없다.

□ 공황 상태에 빠졌을 때 해야 할 일에 집중하지 못한다.

□ 마음을 진정시키려고 해도 내 몸의 느낌에 집중하기 어렵다.

□ 두려움을 느끼면 이어서 어떤 행동을 해야 하는지 전혀 생각나지 않는다.

□ 시험을 철저히 준비했지만 막상 시험 중에는 외운 것이 종종 기억나지 않는다.

위의 여러 서술문이 자기 이야기라면 당신은 제대로 생각하지 못하는 상황에 자주 빠지는 편이다. 편도체에서 피질에 이르는 연결망이 주의력 방향에 영향을 미치기 때문이다. 그리고 여러 증거에 의하면, 높은 수준의 불안을 경험한 사람들은 피질에서 편도체에 이르는 연결 관계가 종종 허약하다(킴 등 2011).

피질 기반 불안 해소 전략은 편도체가 자극을 받아 활성화됐을 때 생기는 불안에는 별로 유용하지 못하다. 2부에서 논할 심호흡이나 이완 같은 몇몇 전략은 편도체 기반 불안을 다스리는 데 유용하고, 심지어 편도체가 피질의 사고 과정을 중지시켰을 때도 쓸모가 있다.

훈련 | 극단적 반응 경험 확인하기

당신의 반응이 종종 당면한 상황에 비해 지나치게 과잉이거나 엉뚱하게 보인다면 편도체가 이런 극단적인 반응 패턴 배후에서 작동하고 있다는 것을 알아채라. 편도체는 자신이 인지한 위험에서 당신을 보호하고자 두뇌 제반 권한을 장악하고 행동에 나선 것이지만, 위기가 지나가고 좀 더 차분한 상황에 들어가면 그런 강한 반응은 불필요해진다.

극단적인 반응의 가장 격렬한 형태는 공황발작(5장에서 더 논의한다)이지만 다른 것도 있다. 이런 극단적인 반응은 투쟁, 도주 혹은 얼어붙기 반응이 활성화되어 생긴다. 기억할 사항은, 상황에 대한 편도체 접근법이 보통 "후회하기보다 안전한 게 낫다(better safe than sorry)"라는 원칙에 따른 것이고, 빠르고 강력하게 반응하도록 편도체 신경 회로가 설정되어 있다는 점이다. 심지어 잠재 위협에 관한 세부 사항이 전적으로 불확실하더라도 편도체는 즉각 반응한다.

극단적인 반응 패턴을 묘사하는 아래 서술을 읽고 해당 사항들을 체크하라.

☐ 때로는 불안감이 너무 강력하게 밀려 들어와 정신 이상이 될까 봐 두렵다.

☐ 높은 수준의 불안감 때문에 온몸이 마비될 지경이다.

☐ 다른 사람들은 내가 지나치게 예민하다고 한다.

☐ 어떤 일이 나와 어울리지 않을 때 도저히 참을 수 없다.

☐ 이러다가 심근 경색이나 뇌졸중을 겪지는 않을까 걱정할 때가 있다.

□ 때때로 벌컥 성질을 내며 분노를 터뜨린다.

□ 곤충이나 더러운 그릇 같은 사소한 대상이나 상황을 보면서도 엄청난 공황 상태에 빠지기도 한다.

□ 때로는 내 주변 사물이 실제 같아 보이지 않으며, 이러다 내가 돌아버리는 게 아닐까 두렵다.

위의 여러 사항에 해당한다면 당신은 과도한 편도체 활성화에 시달리는 중이다. 앞서 언급했듯, 몇몇 사람의 편도체는 날 때부터 평균 이상으로 반응이 극심하고, 젊을 때도 그런 식으로 격렬하게 반응한다. 유감스럽게도 민감한 편도체를 지닌 아이가 불안을 다스리는 편도체 기반 전략에 대해 아는 건 아니어서, 종종 과잉 반응하거나 지나친 회피 전략 패턴으로 대응할 수밖에 없다. 하지만 이미 알아본 바처럼, 훈련을 통해 편도체가 평소와 다르게 반응하도록 가르쳐야 한다. 이것을 배우는 데 너무 늦은 때란 없다.

요약: 편도체인가, 피질인가

이 장 전반부에서는 피질 기반 불안을 경험하는 자신의 경향을 평가하고, 특정 사고 과정이 그런 불안의 원인이 되는지를 살펴보았다. 후반부에서는 편도체 기반 불안 경험에 대한 취약성 여부를 여러 문항으로 평가했다. 그런 경험의 구체적 사례로는, 이유를 알 수 없는 불안, 빠른 생체 반응, 예기치 않은 공격적인 기분이나 행동, 명확한 생각이 불가능한 상황, 극단적인 반응 등이 있었다.

이제 피질, 편도체 혹은 양자 중 어디에서 불안이 생기는지 알게 되었으니, 이제 2부와 3부에서는 불안의 여러 유형을 더욱 면밀하게 살피고, 특정 불안 반응을 최소화하거나 통제하는 데 도움이 되는 여러 기법을 배우기로 하자.

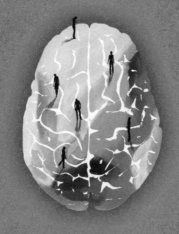

제2부

편도체 기반 불안의 통제

제5장

스트레스 반응과 공황

제2부에서 우리는 불안 반응에서 편도체가 맡은 역할을 살펴보고 편도체 통로에 따른 영향을 더욱 상세히 검토한다. 돌이켜 보면, 편도체는 늘 불안 반응 생성에 개입하며, 그런 반응이 피질에서 시작되든 편도체에서 시작되든 결과는 마찬가지이다. 따라서 불안증 환자는 편도체를 제대로 이해하는 것이 필수다. 불안감은 편도체가 스트레스 반응을 일으킬 때 나타나므로 먼저 스트레스 반응을 살펴보자. 편도체가 어떻게 스트레스 반응을 통제하는지 알아야 한다. 공포나 불안을 파악하고 그런 반응에서 해방되는 과정에서 당신이 꼭 알아야 할 지식이 있다.

1장에서 우리는 편도체의 여러 부분을 언급했다. 중심핵은 '투쟁, 도주 혹은 얼어붙기'라는 3대 반응 중 하나를 유도하고, 즉시 신체에 여러 놀라운 변화를 일으킨다. 그런 변화는 당사자 본인이 의식적으로 통제할 수 있는 게 아니다. 우리는 또한 1장과 2장에서 중심핵이 강력한 투쟁, 도주 혹은 얼어붙기 반응을 일으킬 때, 생각하고 반응하는 피질의 능력이 종종 제한된다는 사실을 확인했다. 이 때문에 투쟁, 도주 혹은 얼어붙기 반응이 발생하기 전에 그 원인을 이해해야 하며, 그런 세 가지 반응을 적절히 다스리는 여러 방법을 배워야 한다. 일단 이런 반응이 시작되면, 피질의 논리적 사고를 활용하여 불안을 해소하려는 방법은 통하지 않기 때문이다.

3가지 스트레스 반응

투쟁, 도주 혹은 얼어붙기라는 3대 반응 패턴은 생리학자 월터 캐넌(1929)이 처음으로 확인했다. 이어 1930년대에 내분비학자 한스 셀리에는 동물과 인간이 광범위한 스트레스 요인에 놀라울 정도로 비슷한 반응을 보인다는 사실을 알아냈다. 우리 신체는 보통 특정 상황에 특정한 방식으로 반응한다. 예를 들어 동공은 밝은 빛에서 줄어들지만 어두울 때 확장된다. 또한, 저온에선 몸을 떨지만 고온에선 땀을 흘린다. 쥐를 연구하던 셀리에는 폭넓은 스트레스 상황에서 쥐가 인간과 비슷한 신체 반응을 보이는 것을 발견했다(사폴스키 1998). 물론 실험실 쥐를 위해 준비된 특정 상황은 인간이 처한 상황과는 다르다. 반복된 주사액 주입, 사고에 의한 바닥 추락, 빗자루로 쫓기는 상황 등은 쥐에게만 해당된다. (셀리에는 경력 초창기에 그다지 세련된 실험을 진행하지 못했다!) 하지만 이 모든 것은 쥐에게 동일한 생체 반응을 이끌어냈다.

셀리에는 스트레스를 받을 때 동물에게서 일련의 고정 반응이 일어남을 확인했다. 이런 반응들은 조류, 파충류 그리고 포유동물을 포함해 많은 동물에게 그대로 적용되는 일반적 특징이었다. 인간은 종종 자신을 동물보다 우월한 존재라고 생각하지만, 고정 반응 측면에서 본다면 다른 척추동물들과 별로 다를 바 없이 행동한다.

사례37

인간은 위험 상황에서 빠르게 반응할 수 있도록 프로그램된 동물적인 생체 반응을 보인다. 곰에게 쫓기든, 파티에서 춤을 추자는 요청을 받든, 직장에서 해고되든 우리 신체는 빗자루에 쫓기는 쥐가 반응하는 것과 놀라울 정도로 유사하게 반응한다.

이제 셀리에의 연구로부터 수십 년이 지났고 광범위한 신경 생리학 연구 덕분에 셀리에가 스트레스 반응(stress response)이라고 부른 이 반응은 편도체 중심핵으로 소급된다는 것이 밝혀졌다. 스트레스 반응은 예측 가능한 생리적 변화 집합을 만들고, 그런 생체 현상에는 심박수와 혈압 증가, 가파른 호흡, 동공 확장, 손발 등 심장에서 가장 먼 신체 부위로의 갑작스러운 혈류 증가, 소화 불량 그리고 발한(發汗) 증상 증가 등이 포함된다.

이 모든 생체 변화는 교감 신경계 활성화와 코르티솔, 아드레날린 같은 스트레스 호르몬 방출에 따른 것이다. 투쟁, 도주 혹은 얼어붙기라는 3대 반응은 이러한 스트레스에 우리 몸이 예민하고, 격렬한 형태로 저항하는 것을 보여준다. 이런 변화는 우리 두뇌 회로에 설계되어 있고, 굳이 배우지 않아도 저절로 튀어나온다. 1부에서 논했듯 그런 반응은 위험에서 벗어나는 데 무척 유용하며, 선조들은 이런 빠르고 자동적인 반응으로 포식자의 아가리를 피하거나 적들과 맞붙어 격퇴시킴으로써 목숨을 구했다.

여기에 추가할 사실이 하나 있다. 편도체는 1초도 되지 않는 순간에 뇌의 다른 부분이 움직이기도 전에 어떤 상황을 위험하다고 판단해 즉각 행동에 나선다. 피질에서의 인식, 사유 그리고 기억 회수 같은 과정이 벌어지는 시간은 빨라도 1초 이상 걸린다. 그러나 우리는 편도체 덕분에, 상황이 위험한지 안전한지 무의식적으로 파악하고, 뇌의 다른 부분이 움직이기도 전에 그 상황에 즉각 반응할 수 있다. 이것은 당신에게 있는 커다란 이점이며 더 나아가 당신의 목숨을 구한다!

사례38

제이슨 사례를 보자. 그가 한겨울에 딸과 함께 길을 건너가고 있는데, 다가오는 차 한 대가 얼음 조각에 미끄러졌다. 차는 멈출 수 없었고 그들 가까이 위험하게 접근해왔다. 제이슨은 아무런 생각을 할 겨를도 없이 재빨리 딸을 붙잡고 차가 미끄러지는 경로에서 펄쩍 뛰어 벗어났다. 제이슨 스스로 뭘 하는지 깨닫기도 전에 벌어진 무의식적인 행동이었다.

재빠르게 무의식적으로 작동하는 효과적인 스트레스 반응은 인간이 그토록 자랑스러워하는 고차원의 사유 과정을 근거로 하지 않는다. 그런 무의식적 반응은 피질 기반의 두뇌 회로가 허용하는 것보다 더 빠르게 작동한다.

[훈련] **불안할 때 스트레스 반응 인식하기**

당신은 불안을 느낄 때 다음 중 어떤 것을 경험하는가? 리스트를 읽고 해당되는 사항을 모두 체크하라.

- □ 쿵쾅거리는 심장
- □ 가파른 호흡
- □ 복통
- □ 설사
- □ 근육 긴장
- □ 도망치거나 중단하고 싶은 욕구
- □ 발한
- □ 정신을 집중하기 어려움
- □ 얼어붙은 듯 신체를 움직이지 못함
- □ 몸의 떨림

이 모든 증상은 셀리에가 발견한 스트레스 반응 활성화 때문이다. 왜 이런 증상을 투쟁, 도주 혹은 얼어붙기라는 3대 반응과 관련 있다고 보는 게 중요한가? 먼저 불안을 고조시키는 피드백 연결고리에 개입해 불안을 차단할 수 있다는 게 주된 이유다. 불안으로 고생하는 많은 사람은 이런 반응을 뭔가 부정적인 일이 벌어지고 있거나 앞으로 벌어진다는 조짐으로 오해한다. 심장이 마구 뛰는 걸 느낄 때 불안 환자는 자신이 심근 경색에 걸린 것은 아닌지 불안해한다. 혹은 이런 감각이 위험의 도래를 알려준다고 확신한다. 하지만 그들이 경험하는 각종 증상은 전적으로 정상적이고, 단지 편도체가 자극을 받아 활성화된 것일 뿐이다. 앞에서 이미 말했듯 편도체는 사람의 신체를 보호하는 순기능을 하지만, 너무 지나치면 이런 역기능을 만들어낸다.

스트레스 반응은 우리가 긴급 상황에 즉시 반응할 수 있도록 준비시킨다. 유감스럽게도 우리가 오늘날 마주하는 위협 대응 방식이 늘 유용한건 아니다. 가령 직장 상사가 당신에게 생산성을 늘리라고 말하거나 혹은 당신이 해고에 직면했을 때 늘어난 심박수, 발한 그리고 심장에서 먼손가락과 발가락 같은 곳으로 흐르는 혈류량 증가 등이 상황 대응에 반드시 도움을 주는 건 아니다. 그런 스트레스 반응은 담보 대출금 연체통보를 받거나 십 대 딸이 당신에게 말싸움을 걸기 시작할 때도 별 도움이 되지 않는다. 하지만 이런 생체 반응은 두뇌 회로에 고정화되어 있어중심핵이 그 회로를 활성화하면 자연스럽게 튀어나오게 되어 있다.

스트레스를 받을 때 눈앞이 캄캄해지는 이유

편도체 중심핵은 점화 스위치와 같다. 편도체의 이 작은 부분이 외측핵에서 위험 신호를 받으면 스트레스 반응을 활성화하고, 뇌의 다른 부분에 메시지를 전함으로써 그런 스트레스 반응이 나오도록 유도한다. 이렇게 편도체는 뇌 처리 과정에서 연줄이 무척 든든한 개입자다. 편도체와 연결된 것 중 가장 중요한 뇌 부분은 시상하부로, 이 땅콩 정도 크기의 뇌 부분은 다양한 신체 작용을 통제하는데, 가령 신진대사, 굶주림, 수면 등의 작용이 있다.

시상하부와 연관되어 있으므로 중심핵은 아드레날린과 코르티솔을 분비한다. 아드레날린은 심박수와 혈압을 늘리는 호르몬이고, 코르티솔은 빠르게 활력을 얻게 하려고 혈류에 포도당이 방출되도록 하는 호르몬이다. 중심핵은 또한 교감 신경계를 활성화하는데, 의식적인 자각이나 통제 없이 신체가 빠르게 반응할 수 있도록 다양한 생리 체계에 변화를 일으킨다. 두뇌는 편도체 통로에서 1천분의 1초 단위로 사건 처리가 이루어지는 방식으로 조직되어 있다. 많은 조사 연구는 쥐를 대상으로 수행되어 왔고, 쥐는 이런 스트레스 반응 체계를 인간과 공유한다. 이런 쥐 관련 연구 덕분에 편도체 작동 과정에 관한 이해가 크게 증대되었다(르두 1996).

편도체 연구가 명백하게 밝혀낸 것 중 하나는 스트레스 반응이 활성화될 때 편도체 신호가 모든 단계에서 뇌 기능에 영향을 미치고 지배한다는 것이다. 조세프 르두(2002, 226)는 이러한 사실을 가리켜 "감정이 적대적으로 의식 제압하기"(hostile takeover of consciousness by emotion)라고 서술했다. 그러니까 당신의 가장 명확한 사고 기능과 개인의 통찰력이 공포와 관련된 반응을 일으키는 옛적 뇌 구조에 의해 근본적으로 무력해진다는 것이다. 당신의 통찰력이 축적되어 있는 피질이 편도체에게 철저히 제압당할 수 있다니 정말 실망스러운 일이다. 하지만 일단 이런 두뇌 구조에 대한 지식을 얻으면 적절히 활용할 수 있다.

핵심은 이것이다. 심한 불안을 느낄 때, 피질 기반의 대처 전략을 동원하는 것, 그러니까 두려워하는 걸 멈추라고 말하거나 불안을 느낄 아무런 논리적 이유가 없다고 해봐야 별 소용이 없다. 일단 시작된 스트레스 반응 활성화를 멈출 수는 없다. 이미 의식이 정서에 의해 적대적으로 제압당했기 때문이다. 이런 때엔 피질 기반 전략이 아니라 편도체를 공격 목표로 삼는 대응 전략이 필요하다. 2부의 남은 여러 장에서는 그 접근법을 상세히 설명할 것이다.

공황 상태를 만났을 때 실제적인 대처법

스트레스 반응이 활성화되어 가장 불쾌한 형태로 나타나는 것이 공황발작이다. 불안장애를 겪는 많은 사람이 흔하게 겪는 공황발작 역시 중심핵 활성화에 뿌리를 둔 스트레스 반응이다. 극단적인 불안, 공포, 분노 혹은 얼어붙기 증상은 종종 마구 뛰는 심장, 발한, 가파른 호흡, 전율을 동반한다.

공황발작을 경험하는 사람들은 누군가를 공격하려는 욕구를 보이거나(투쟁), 도망치려는 압도적인 충동에 휩싸이거나(도주), 전혀 행동할 수 없는 모습(얼어붙기) 등 3대 스트레스 반응 중 하나를 내보인다. 다른 부수 증상으로는 교감 신경계의 반응으로 현기증, 메스꺼움, 무감각, 얼얼함, 꽉 죄는 가슴, 질식할 것 같은 감각, 소화가 안 되고 온몸에 열이나 오한 등이 난다. 여기에 더해 동공이 확장되어 세상이 부자연스럽게 밝아 보이고 시간이 더 느리게 지나가는 것처럼 보일 수 있다.

살아가면서 공황발작만큼 불쾌하고 무서운 경험은 없을 것이다. 실제로 공황발작은 무척 고통스러워 어떤 사람은 자신이 통제력을 잃고 미치거나 죽어버리지 않을까 두려움을 겪기도 한다. 이런 증상은 보통 1분에서 30분 정도 지속되지만 파도가 끊임없이 다시 밀려오듯 재발할 수 있으며 엄청 두려울 뿐만 아니라 무척 진을 빼기까지 한다.

공황발작은 일반적으로 당사자 본인이 의식하지 못하는 신호나 트리거에 편도체가 반응할 때 발생한다. 기본적으로 공황발작은 실제로는 아무런 위험을 일으키지 않는 트리거에 편도체가 과잉 반응하여 벌어지는 증상이다. 종종 부적절하거나 난처한 때 투쟁, 도주 혹은 얼어붙기 3대 반응 중 하나를 일으킨다. 물론 정상적인 상황에서라면 어떤 유형이든 실제 위험을 직면한다면 곧바로 대응하여 숨거나, 도망치거나 혹은 다퉈야 할 것이다. 환상이 아니라 실제 위험에 대응하는 이런 신체 반응은 당연히 과도하거나 헛된 게 아니다. 하지만 공황발작은 그런 실제 위험이 없는 상황에서 벌어지기 때문에 문제다.

중심핵은 피질의 사고 영역과는 무관하게 공황발작을 일으킬 수 있으므로, 피질 관점에서 보자면 공황발작은 종종 뜬금없이 일어나는 듯 보인다. 하지만 실제로는 편도체가 어떤 유형의 트리거에 반응하므로 이런 일이 벌어진다.

사례39

사람들은 군중 사이(광장), 운전 중인 자동차 안, 교회 혹은 가게 등 예전과 똑같거나 비슷한 장소에서 반복적으로 공황발작을 경험한다. 공황발작의 트리거를 정확히 찾아내기는 쉽지 않지만 특정할 수 없는 어떤 대상이 편도체를 자극하고 활성화함으로써 공황발작을 일으킨다.

대다수 사람은 살면서 한두 번의 공황 상태를 경험할 수 있지만 그건 단지 심각하게 불편한 상태에 지나지 않는다. 그러나 반복적으로 공황발작을 경험하면 공황장애 진단을 받는다. 어떤 사람이 공황발작이 일어날 것을 예측하고 두려워하면서 과거에 공황발작을 겪었던 장소를 일부러 피하기 시작한다면 어떤 증세가 발생할까? 그들은 도망칠 수 없다고 생각되는 상황에서 맞게 되는 공포에 대한 두려움, 즉 광장 공포증(agrophobia)을 겪는다. 극도로 심신을 약화시키는 이런 상태에 들어가면 많은 장소가 안전하지 못한 위험한 곳으로 보이기 시작한다. 광장 공포증 환자는 공황을 가져오는 상황을 피함으로써 자신을 보호해야 한다고 생각한다. 이런 생각 때문에 그가 살아가는 세상의 범위는 자연적으로 축소되는 것이다. 환자가 광장 공포증을 통제할 수 없게 되면 자기 집 혹은 심지어 자기 방에 갇혀 아무 데도 가지 못한다.

공황발작 경향은 적어도 부분적으로는 유전적인 특징 때문이고, 그 특정 유전자를 찾아내려는 연구가 시작되었다(매런, 헤테마, 시릭 2010). 그래서 일부 사람들은 편도체가 공황발작 반응을 일으키는 경향을 물려받았다고 본다. 여기에 더해 공황발작은 또한 커다란 생활 변화나 스트레스로 생길 수도 있는데, 가령 졸업, 이직, 가족 사망, 결혼 혹은 이혼 그리고 다른 과도기 사건 등이 더해 그런 트리거(유발 요인)로 작용하기도 한다. 공황발작을 겪는 사람들은 대다수가 여자지만, 그런 통계는 남자 환자가 통계에 적게 반영되어 통계가 왜곡되었을 수도 있다.

일부 공황발작 환자는 음주나 약물 등 유해한 방식으로 대처하려고 한다. 이런 전략은 일시적 처방은 될 수 있지만, 유용한 방식으로 뇌의 근본 회로를 바꾸지는 못한다. 하지만 절망하지 않아도 된다. 당신이 유전적으로 공황발작에 민감한 편도체를 물려받았다고 해도 편도체 언어를 잘 이해하고 이를 적극 활용하면 그런 공황도 통제할 수 있기 때문이다.

공황발작을 경험했는지 여부 확인하기

다음 리스트는 당신이 공황발작을 겪었는지 여부를 확인하려는 것이다. 이 리스트에 나오는 반응을 다수 경험했다면 당신은 공황발작을 겪은 것이다. 당시에는 그런 경험이 무엇이었는지 인식하지 못했을 수도 있다. 그런 경험은 교감 신경계를 활성화하고 아드레날린 분출을 촉발하는 중심핵의 극단적인 반응 때문에 벌어진 것이다.

아래의 증상 리스트를 곰곰이 생각하면 교감 신경계의 영향이 어떤 것인지 명확하게 확인할 수 있다.

☐ 마구 뛰는 심장

☐ 공황이나 공포의 느낌

☐ 발한

☐ 과호흡

☐ 현기증

☐ 도망치고 싶은 충동

☐ 전율

☐ 메스꺼움

☐ 무감각이나 얼얼함

☐ 공격적 충동

☐ 화장실에 가야만 할 것 같은 초조함

☐ 오한이나 열감

☐ 마비 증세

□ 가슴이 답답하거나 불편한 느낌

□ 지금 상황이 비현실적이라는 느낌

□ 침을 삼키기 어려움

□ 미쳐버릴 것 같은 두려움

□ 숨 가쁨

편도체를 도와 공황 상태를 극복하는 방법

이제 독자는 공황발작에 가장 잘 대처하려면 어떻게 해야 할지 궁금할 것이다. 일상에서 갑자기 공황발작에 휩싸인다면 그것을 진정시키는 편도체 기반 대응 전략 세 가지가 있다. 바로 심호흡, 근육이완, 운동이다. 이들 전략은 신체에 발생한 활성화 반응을 당장 정지시킬 수는 없지만, 그래도 불편함을 상당히 줄이고 공황발작 기간을 단축시킨다.

심호흡: 공황발작을 겪을 때 가장 좋은 전략 중 하나가 천천히 숨을 쉬는 것이다. 공황발작의 몇몇 증상, 즉 얼얼함이나 현기증 같은건 과호흡 또는 너무 빠른 호흡과 직접 관련이 있다. 가슴과 횡격막을 바깥쪽으로 확장해주는, 느리고 꽉 찬 심호흡을 하는 것이 시작으로선 좋다(횡격막은 폐 아래쪽 몸통을 가로지르는 근육이다.) 호흡이 느려지는 편도체 활성도가 줄어든다. 이 호흡 기법은 6장에서 더 상세히 설명할 예정이다.

근육 이완: 편도체는 근육 긴장에 빠르게 반응을 보이고, 팽팽해

진 근육은 편도체 활성화를 증가시킨다. 근육 이완 기법을 배우고 부지런히 실천하면 공황발작 시간을 단축하고 발생 빈도도 줄일 수 있다. 이 기법도 6장에서 더 상세히 설명한다.

운동: 공황발작 중에는 천천히 걷거나 몸을 움직이는 것이 큰 도움이 된다. 운동은 체내에 분비된 과도한 아드레날린을 태우고 공황발작 정도를 단축시킨다. 신체는 스트레스에 반응하여 투쟁하거나 도주할 준비를 마친 상태다. 이때 적절히 신체 운동을 해주면 그런 욕구를 충족시켜 공황발작 강도를 약화하는 효과가 있다. 9장에서 운동의 혜택과 적절한 방법을 더욱 자세히 설명한다.

마지막으로 한 가지 아주 중요한 점이 있다. 공황 상태에 빠졌을 때는 그 상황에서 곧바로 도망치려는 강력한 충동이 생길 텐데 이를 억누르는 게 중요하다. 극도로 두렵고 불쾌한 경험이겠지만 그것은 신체적으로 당신에게 아무런 피해를 입히지 않는다. 사실 실제로 당신이 느끼는 감각은 건강하고 활동적인 신체가 보이는 징후일 뿐이다. 공황발작 상황에서 도망치면 단기적으로 기분은 좋아지겠지만, 장기적으로는 공황발작의 위력이 강화되어 더욱 극복하기 어려워진다.

가능하다면 긴장을 풀고, 숨을 깊게 쉬고, 그 상황에서 도망치지 않고 그대로 버티며 남아 있으려고 노력하라. 물론 이것은 말하기는 쉽고 행동하기는 어렵다. 하지만 편도체는 오로지 경험으로만 학습하므로 편도체를 어느 정도 통제하려면 반드시 "편도체가 작동하는 상황 안에서" 통제하는 법을 배워야 한다. 비유적으로 말하자면 땅에서 넘어진 자, 땅을 짚고 일어서야 하는 것이다. 땅 이외의 다른 곳에서는 일어설 데가 없다. 공황발작 상황에 감연히 맞서지 않고 매번 그냥 도망쳐버린다면, 당신의 편도체는 그 상황이 충분히 극복 가능하다는 걸 배우는 게 아니라, 그 상황에서 피하는 법만 배울 것이다. 도망치지 말고 버텨라. 이것은 아무리 강조해도 지나치지 않으며, 8장에서 심도 있게 다시 논의할 것이다.

피질을 도와 공황 상태를 극복하는 방법

피질은 직접 공황발작을 일으키지는 못한다. 그런 과정을 작동시키려면 편도체와 다른 뇌 조직이 개입해야 한다. 하지만 피질은 공황발작 예비 상태를 일으킬 수 있고 혹은 공황발작이 발생했을 때 그걸 악화시킬 수 있다. 때로 피질에서 이루어지는 생각은 편도체로 가서 공황발작을 일으키거나 더 큰 위험에 빠뜨린다. 따라서 다음에 열거한 피질 기반 대처 전략은 유용하며, 특히 공황발작이 시작되기 전에 사용하면 더욱 도움이 된다.

그저 느낌이라는 점을 기억하자(비록 무척 강렬하겠지만). 투쟁, 도주 혹은 얼어붙기 3대 반응이 활성화되어 신체 증상으로 경험할 때, 그런 증상에 관한 피질의 해석을 여과없이 받아들인다면 불안을 완전히 통제 불능으로 만드는 형국이 된다. 당신이 이런 공황발작 증상을 경험하고 난 후 심근 경색이 아닐까, 곧 분별력을 잃어버리고 판단 불능 상태가 되는 건 아닐까 혹은 곧 미치지 않을까, 하고 생각한다면 공황발작은 더욱 악화된다. 그저 나 자신이 지금 공황발작을 겪는다고 인식하고, 편도체 기반 증상을 피질이 오해하지 못하게 함으로써[9] 공황발작으로부터 빠르게 회복할 수 있다.

공황발작에 집중하지 말자. 공황발작을 피하는 최고의 방법 중 하나는, 증상에 대한 걱정을 그만두는 것이다. 공황에 빠진다는 생각에 사로잡히고 공황발작이 언제 어디서 일어날지 혹은 발생 여부를 계속 예측해봐야 다른 발작 가능성을 높일 뿐이다. 따라서 피질이 공황 상태나 증상에 지나치게 많은 생각을 하지 못하게 해야 한다. 불안할 때 땀으로 흥건한 손바닥이나 요동치는 심장 같은 신체 현상에 집중하는 건 불안을 더욱 자극해, 더 심각한 생각으로 이어지고, 결국 공황발작 강도만 더 세게 한다.

주의를 딴 곳으로 돌리자. 주의 돌리기(기분 전환)는 공황발작에 대항하여 활용할 수 있는 또 다른 피질 기반 전략이다. 증상에 집중하며 깊이 생각하는 것만으로도 공황발작이 더욱 악화될 수 있기에, 공황이 아닌 다른 어떤 것을 일부러 더 생각하려고 애써야 한다. (11장에서, 주의를 딴 곳으로 돌리는 방법에 대해 자세하게 설명하겠다.)

다른 사람이 어떤 생각을 하는지 의식하지 말라. 공황발작 환자는 종종 모든 사람이 자신을 주목한다고 생각하거나, 그들이 어떻게든

---

9 이러다 내가 죽는 게 아닐까, 이러다 내가 미치는 게 아닐까, 하는 사고 작용은 피질에서 이루어진다. 그런데 이런 생각이 오히려 편도체를 더 활성화하므로, 그런 생각이 강하게 떠올라 자신을 괴롭히더라도 거기에 매달리지 말고, 그 생각을 놓아두라는 것이다. 이것은 6장에서 명상 요법과 11장 정신집중을 다룰 때 전제로 깔고 있는 핵심 사항이다.

자신을 난처하게 하리라고 지레짐작한다. 공황 증상을 느낀다면, 다른 사람이 어떤 생각을 하는지 추측하려고 애쓰지 마라. 다른 사람은 당신이 어떤 일을 하는지 깨닫지 못하고 신경 쓰지 않는다. 남들이 어떻게 생각하는지 걱정하는 건 이미 불편한 스트레스 반응을 겪는 데에 또 다른 스트레스를 추가하는 일일 뿐이다.

위의 네 조언이 공황발작을 방지하는 데 도움이 되긴 하겠지만, 피질 기반 접근법은 공황발작이 실제로 시작되면 별로 힘을 발휘하지 못한다. 공황발작이 본격적으로 벌어지면 너무 불안해서 생각을 제대로 할 수 없기 때문이다. 이렇게 되는 것은 편도체가 뇌를 관장하고 피질의 영향력을 차단하기 때문이다. 그런 때 유일한 해법은 천천히 호흡하고, 진정하려고 애쓰고, 발작이 지나가길 기다리면서 다른 데로 주의를 돌리는 일이다.

우리에게 희소식은 그런 발작은 늘 지나간다는 점이다. 누군가가 옆에 있다면, 심호흡을 하고 근육을 이완하도록 상기시켜, 아드레날린이 솟구치면서 자연스럽게 긴장하고 단단해진 근육을 풀어주는 것이 가장 좋은 방법이다. 이런 이완 전략을 이용할 수만 있다면 공황 수준은 빠르게 내려간다. 실제로 이런 효과를 경험한다면 당신도 놀라게 될 것이다.

공황발작과 불안은 머릿속에서 벌어지는 망상(피질의 사고 작용)에 불과하므로 충분히 극복할 수 있다고 조언하는 사람의 말을 들어서는 안 된다. 공황발작은 편도체 과잉 반응으로 일어난다. 이는 엄연한 생물학적 현실이며, 피질 사고 작용을 활용해서는 공황발작 상태에서 벗어날 수 없다. 중심핵이 공황발작을 일으키기 시작하면 당신은 이번 장에서 언급한 여러 대응 전략을 적극 사용해야 한다. 6장과 9장에서 그 전략들을 더 심도 있게 논의할 것이다. 공황발작에서 벗어나는 데 큰 도움을 받을 것이다. 여기서는 공황발작이 아주 불편한 경험이지만, 당신을 위험에 빠뜨리지도 못하며, 실제로 어떠한 피해도 입히지 못한다는 사실만 잘 기억하자.

편도체에 대체 경로 가르치기

편도체는 더 적극적인 투쟁이나 도주 반응을 일으키지 않고, 얼어붙기나 무기력한 신체 반응 전략을 취할 수도 있다. 어떤 상황에서 물러나거나 회피해버리는 건데 이는 장차 더 큰 위험을 불러올 가능성이 있다. 이는 앞서 언급한 공포에 대한 두려움, 즉 광장 공포증으로 발전하여 삶을 심각하게 제한할 수 있다. 이러한 경향을 최소화하려면 수동적 대응이 아닌 적극적인 대응이 필요하다.

관련 연구(르두, 고먼 2001)는 편도체 중심핵에서 출발해 척추 맨 위에 있는 후뇌의 뇌간으로 이어지는 얼어붙기 반응 통로를 바꿀 수 있음을 보여준다. 그렇게 하려면 먼저 편도체 외측핵에서 나온 정보가 흐르는 방향을 바꿔야 한다. 외측핵에서 나온 정보를 중심핵이 아니라 편도체 기저핵으로 가게 함으로써 적극적인 반응을 촉진하는 것이다.

이 대체 경로로 전환하려면 적극적인 대응 전략을 펼쳐야 한다(르두, 고먼 2001). 투쟁, 도주, 얼어붙기 3대 반응 중에서 얼어붙기에 사로잡힌 느낌이 들 때 적극적인 대응 전략을 활용하라. 그러면 두뇌 회로를 재설계하여 편도체가 수동적인 반응을 선택하지 못하게 할 수 있다.

처음에는 무엇이든 좋으니 공황발작에 집중하지 말고 다른 것을 하는 것 자체가 중요하다. 만일 당신이 겁먹은 토끼처럼 얼어붙어 움직이지 않고 그 상태여서 아무것도 하지 않는다면 기존 두뇌 회로를 강화할 뿐이기 때문에 그렇게 해선 안 된다. 가능한 한 적극적으로 뭔가를 하라. 그것이 누군가에게 전화하는 등 사소한 일이어도 상관없다. 실제로 다른 사람들과 즐거운 상호작용을 하는 사회 활동이나, 걱정에서 벗어나게 하는 단순하고 즐거운 활동은 편도체가 투쟁, 도주, 얼어붙기 등의 반응을 일으키지 않도록 도와준다.

사례40

패트리샤 사례를 보자. 그녀는 일하러 가기 힘들 정도로 지나친 공황 상태에 빈번히 빠졌고, 따라서 많은 날 아침, 집에서 몸을 꼼짝도 하지 못한 채로 누워 있었다. 그녀는 보통 침대에 머물러 있으면서 뭔가 즐거운 일을 하기엔 자신이 어딘지 크게 잘못되어 아무것도 할 수 없다는 기분을 느꼈다.

하지만 이런 때 더욱 적극적으로 행동하기 시작하면, 가령 친구나 가족에게 전화를 걸거나 조각 그림 맞추기 같은 단순하지만 즐거운 뭔가를 시도해보면 그녀는 다소 회복되어 조금 늦긴 했어도 일하러 갈 수 있겠다는 생각이 들었다. 그녀는 편도체에 자극을 주어 더 적극적인 반응을 하도록 유도하는 중이었고, 그날 남은 시간 동안 회피 행동은 하지 않게 되었다.

불안할 땐 뇌과학

요약

　　지금까지 스트레스 반응의 특징과 목적은 물론이고 그런 반응의 가장 격한 버전인 투쟁, 도주 혹은 얼어붙기 반응에 대해 살펴보았다. 스트레스 반응이 물리적이든 외부적이든, 실제 위험이 존재하는 건 아니라고 해석하는 게 중요하다. 이런 반응은 본질적으로 괴롭고, 특히 공황발작이라는 극단적인 형태로 나타나면 더욱 고통스럽지만, 이제 그것을 생각하고 대응하는 새로운 방법을 알게 되었다. 또한, 적극적인 반응이 회피 성향을 극복하는 데 필요하다는 것도 깨우쳤다.

　　당신의 편도체가 공격적인 반응(투쟁)을 활용하든, 회피 반응(도주)을 쓰든 혹은 수동적인 반응(얼어붙기)을 이용하는 경향이 있든 간에, 이제 편도체에 대안을 가르칠 수 있게 되었다. 더 이로운 방향으로 편도체를 훈련할 수 있다는 사실은 공황발작 환자에게는 무척 큰 힘이 된다.

　　이어지는 여러 장에서는 편도체가 새로운 방식으로 반응하고, 일상생활을 더욱 강력히 통제하게 해주는 이완(6장), 노출(8장), 운동(9장)이라는 다양한 전략이 논의된다.

제6장

편도체 활성화를 억제하는
이완 요법

일상생활에서는 물론이고 7, 8장에서 서술하는 노출 기법을 적극 활용할 때도 근육 이완 훈련은 매우 유용하다. 당신이 불안을 느낄 때 사람들은 "걱정하지 마라, 모든 게 다 잘될 거야, 불안을 느낄 이유가 없어" 말하면서 불안을 진정시키려 할 것이다. 스스로 그런 말을 하면서 자신을 위안하려 들 수도 있다.

하지만 이러한 접근법에는 문제가 있다. 불안에 대처하기 위하여 사유 과정과 논리를 활용하는 건 피질 기반 기법을 쓰려는 것인데, 공격 목표는 편도체이므로 별 도움이 되지 않는 것이다. 앞에서 이미 말했듯 자동차 시동이 안 걸리는데 냉장고 문을 열면서 원인을 파악하려는 것과 같다. 피질(사고 작용)은 스트레스 반응을 줄여줄 수 없다. 거기에는 두 가지 주된 이유가 있다.

첫째, 피질은 편도체와 직접적인 연결이 별로 없다.

둘째, 스트레스 반응을 작동시키는 건 피질이 아니라 편도체다.

따라서 편도체를 공격 목표로 삼는 것이 불안 완화와 해소에 더 직접적이고 효과적이다. 교감 신경계를 활성화하고 아드레날린과 코르티솔 분비를 활발하게 함으로써 중심핵은 즉시 심박수와 혈압을 증가시키고, 혈류를 심장에서 멀리 떨어진 사지로 보내며, 소화 과정을 늦춘다.

사례41

제인의 사례를 보자. 그녀는 대중을 상대로 연설을 해야 했다. 심장이 쿵쾅거리고, 속이 메스꺼운 건 물론이고 몸마저 덜덜 떨리는 걸 느꼈다. 이를 불안이라고 하든, 스트레스 반응이라고 하든, 투쟁·도주 혹은 얼어붙기라고 하든, 이렇게 자발적으로 활성화된 과정은 결국에는 제인이 의식하지 못한 두뇌 활동의 결과다.

물론 의식적인 자각이 없다고 해서 이런 과정을 전혀 통제할 수 없다는 뜻은 아니다. 예를 들어 우리는 통상적으로 호흡 속도를 의식적으로 통제하지 못하지만, 그렇게 하기로 마음먹는다면 의도적으로 조정할 수 있다.

부교감 신경계를 활성화하기 위해 다양한 기법이 개발되었는데, 교감 신경계 활성화로 중심핵이 발생시키는 많은 효과를 부교감 신경계는 상쇄한다. 1장에서 언급했듯 교감 신경계 활성화는 투쟁, 도주 혹은 얼어붙기 3대 반응을 일으키지만, 부교감 신경계는 "휴식과 소화"를 담당한다. 또 심박수를 늦추고, 위액과 인슐린 분비를 증가시키며 장 활동도 늘린다.

부교감 신경계는 사람이 느긋해지면서 이완할 때 활성화될 가능성이 크다. 그렇기에 의료진은 불안한 환자에게 부교감 신경계 활성화 경향을 강화하고 교감 신경계 활성화를 감소시키는 활동에 참여하도록 권할 때가 많다. 이완 훈련은 부교감 신경계 활성화를 촉진하려는 주요 방법 중 하나다. 호흡 훈련과 명상 같은 이완 촉진 기법이 편도체 활성화를 억제한다는 것을 다양한 연구가 보여줬다(저래스 등 2012). 편도체 활성화를 줄이면 당신은 교감 신경계 반응을 줄이고 훈련을 통해 부교감 신경계가 개입하도록 할 수 있다.

이완 훈련의 유익

이완 훈련은 내과 의사이자 정신과 의사인 에드먼드 제이콥슨(1938)이 점진적 근육 이완(progressive muscle relaxation)이라고 명명한 과정을 발전시킨 1930년대 이래로, 의료계에서 공식적으로 인정되어왔다. 최근 여러 신경 촬영 연구는 사람들이 명상(데스보디스 등 2012), 노래(캘애니 등 2011), 요가(프롤리저 등 2012), 호흡 훈련(골딘, 그로스 2010) 등을 포함한 다양한 이완 기법을 실습할 때 뇌에서 실질적인 변화가 나타났음을 확인했다.

이런 연구들은 접근법 다수가 거의 즉시 편도체 활성화를 억제한다는 사실을 알아냈고, 이는 불안에 시달리는 사람들에게 희소식이다. 우리는 이번 장에서 그런 기법들을 제시하고, 불안 환자가 그런 기법들을 시도하여 무엇이 그에게 가장 잘 맞는지 혹은 무엇을 가장 선호하는지 발견하도록 도울 것이다. 무엇을 선택하든 불안 환자는 그런 기법을 활용했을 때 편도체에 직접 영향을 미친다는 과학적 증거를 함께 만나게 될 것이다.

이완에 관한 대다수 접근법은 호흡과 근육 이완이라는 두 가지 신체 과정에 집중한다. 사실상 이완 훈련으로 모두가 혜택을 볼 수 있다. 이완은 여러 상황에서 적극적으로 활용할 수 있는 무척 유연한 접근법이고, 특히 단기간에 많은 유익한 효과를 얻을 수 있다. 이완 전략의 효과는 종종 즉각적으로 나타난다. 또한 이완은 명상이나 요가와 같이 스트레스와 불안을 줄이기 위한 보다 복잡한 접근법에서 필수 요소이기도 하다.

호흡에 집중하려면 2가지를 기억하라

지금 잠시 시간을 내어 호흡에 주의를 기울인다면 이완의 기본적인 효과를 스스로 체험해볼 수 있다. 깊고 천천히 숨을 들이마시면서 폐를 확장하는 느낌으로 심호흡을 한다. 숨을 참지 말고, 자연스럽게 숨을 내쉬도록 하자. 몇 분 동안 이렇게 하면 거의 즉시 불안이 줄어드는 것이 느껴진다. 호흡을 바꾸고 느린 리듬으로 심호흡하는 것만으로도 마음이 진정되고 스트레스를 완화할 수 있다.

사람들은 스트레스를 받을 때 자신도 모르게 숨을 참거나 얕게 숨을 쉬는 경향이 있다. 몇 가지 특정 호흡 기술을 사용하면 의식적으로 호흡을 깊게 하고 심박수를 줄여 교감 신경계 활성화의 일부인 생리적 과정에 대응하는 데 도움이 된다. 다음은 특히 효과적인 몇 가지 호흡법이다.

훈련) 완만하고 깊은 호흡

첫 번째 기술은 기본적으로 위에서 설명한 것과 동일하다. 천천히 심호흡하는 것이다. 지금부터 몇번 심호흡하면서 연습해보라. 천천히 깊게 숨을 들이마시고 숨을 완전히 내쉬라. 억지로 호흡하지 말고 숨을 들이쉬고 내쉬면서 부드럽게 호흡하라. 입으로 숨 쉬든 코로 숨 쉬든 상관없으며 편안한 방식으로 숨 쉬면 된다. 의도적으로 호흡을 느리고 깊게 하는 것이 자기 몸에 어떤 영향을 미치는지 알아보라. 진정 효과가 느껴지는가?

모든 사람이 느리고 깊은 호흡으로 효과를 느끼는 것은 아니다. 일부 사람들, 특히 천식이나 평소 호흡 곤란이 있다면 호흡에 주의를 기울일 때 오히려 불안이 증가할 수 있다. 그런 경우 근육 긴장을 줄이는 데 중점을 두거나 음악이나 운동을 활용하는 이완 전략을 사용해야 한다.

대다수 사람은 간단한 호흡 운동을 통해 불안이 줄어들고 거의 즉각적으로 평온함이 증대되는 것을 보며 놀라워한다. 많은 학생이 시험 전과 시험 중에 이 방법이 도움이 됐다고 한다. 긴장한 운전자는 운전 중에, 폐쇄공포증이 있는 사람은 밀폐된 공간에 있을 때 유용하게 사용할 수 있다. 언제 어디서나 느리고 깊은 호흡을 연습할 수 있으며, 게다가 돈 한 푼 들지 않는다!

과호흡에 대응하는 호흡 기법

사람들은 불안할 때 호흡을 빠르고 얕게 할 가능성이 크다. 이때 산소를 충분히 공급받지 못해 불편한 느낌을 받는다. 과호흡은 또한 이산화탄소를 너무 빨리 배출하여 혈중 이산화탄소 농도를 낮은 수준으로 떨어뜨린다. 이로 인해 어지러움, 트림, 비현실감 또는 혼란감, 손과 발 또는 얼굴이 따끔거릴 수 있다.

과호흡은 체내 산소와 이산화탄소 사이의 균형을 깨뜨리고 편도체는 이를 즉각 감지한다. 의도적인 호흡 기법을 사용해 이러한 불균형을 바로잡으면 편도체에 긴장을 풀라는 신호가 간다.

사례42

토니 사례를 보자. 그녀는 현기증과 온몸이 따끔거리는 느낌이 불안감의 일부라고 생각했다. 하지만 자신의 경험이 과호흡의 결과임을 알게 되자 그녀는 자기 호흡에 주의를 기울이는 것만으로 증상을 크게 억제할 수 있었다.

과호흡을 겪는 사람들은 보통 의도적으로 호흡을 천천히 하거나 종이백 안으로 숨을 내쉬라는 교육을 받는다. 종이백은 그 안으로 숨을 내쉴 때 이산화탄소를 일정 양 가두어둔다. 따라서 종이백 안에 숨을 쉬면 들이쉬는 이산화탄소 양이 증가하여 혈류에 이산화탄소를 돌려준다. 이는 어지럼증이나 다른 불안 증상을 완화하는 데도 매우 효과적인 방법이다.

횡격막 호흡

횡격막 호흡 혹은 복식 호흡으로 알려진 특정한 호흡법은 부교감 신경계를 활성화하는 데 특히 효과적이다(본, 브라운스타인, 개러노 2004). 이런 유형의 호흡은 신체에서 이완 반응이 일어나도록 한다. 이 기법을 사용하면 가슴보다는 복부에서 더 많이 호흡하게 되고, 횡격막(폐 아래 근육) 움직임은 간, 위, 심지어 심장에까지 마사지 효과를 가져온다. 이런 호흡은 신체 내부 장기들에 유익한 영향을 준다.

횡격막 호흡 연습

횡격막 호흡을 연습하려면 편안하게 앉아 한 손은 가슴에, 다른 한 손은 배에 올려놓는다. 심호흡을 하고 신체의 어느 부분이 확장되는지 확인한다. 횡격막 호흡을 효과적으로 하면 숨을 들이마실 때 배가 팽창하고 숨을 내쉴 때 배가 수축한다.

가슴은 크게 움직이지 않아야 한다. 폐에 공기를 채우면서 배를 확장하는 방식으로 심호흡하는 것이다. 많은 사람이 숨을 들이마실 때 배를 안으로 당기는 경향이 있는데, 이렇게 하면 횡격막이 아래로 효과적으로 확장되지 못한다.

정기적인 연습으로 호흡 패턴에 변화 주기

건강한 호흡 기법은 연습을 통해 제2의 천성이 될 수 있다. 자신의 호흡 스타일과 패턴에 주의를 기울이고 의식적으로 수정하려고 노력하라. 적어도 하루 세 번, 5분에 걸쳐 짧게 연습하면 자신의 호흡 습관에 더 큰 주의를 기울일 수 있고, 더욱 건강하고 효과적인 방식으로 호흡하게 된다.

또한, 숨을 멈추거나 얕게 숨 쉬거나 과호흡을 하는 횟수를 알아보고, 의도적으로 더 나은 호흡 패턴을 세우려고 노력하자. 호흡은 당신이 통제할 수 있는 필수 신체 반응이고, 그 과정에서 편도체 활성화와 편도체 영향을 억제할 수 있다.

연습을 자주 하면 건강한 호흡이 귀중한 긴장 완화 수단임을 알게 되고, 더불어 불안의 일부라고 당연하게 여겼던 많은 증상도 완화한다는 것을 느끼게 될 것이다.

근육에 집중하는 이완 전략

대부분의 이완 훈련 프로그램이 소개하는 두 번째 구성 요소는 근육 이완으로, 편도체에 기반한 교감 신경계 활성화에 대응하는 중요한 신체 전략이다.

교감 신경계는 근육 긴장을 높이는데 이 신경계에서 섬유 조직이 반응을 준비하기 위해 근육을 활성화하기 때문이다. 오늘날 세상에서 벌어지는 문제는 곧바로 싸우거나 도망쳐야 할 정도의 문제는 아니지만, 이런 근육 긴장은 신경계에 사전 설정되어 있어 사람들은 문제가 없는데도 근육이 뻣뻣해지거나 쑤시는 것이다. 다행스럽게도 호흡과 마찬가지로, 의도적으로 주의를 기울이면 그런 근육 긴장을 완화할 수 있다. 거기에 더하여 근육 이완을 통해 당사자가 원하는 대로 부교감 신경계의 반응을 더욱 촉진할 수 있다.

사람들은 보통 근육 긴장이 편도체 기반 불안의 결과로 발생한다는 중요한 사실을 전혀 알지 못한다. 하지만 자신의 신체를 잘 살펴본다면 본인도 의식하지 못하는 가운데 아무 이유도 없이 치아를 악물거나 복부 근육이 긴장하는 때가 있을 것이다. 신체의 특정 부분은 근육 긴장의 보관소라도 되는 듯 취약한데, 턱, 이마, 어깨, 등, 목 등이 그런 부위다. 지속적인 근육 긴장은 에너지를 고갈시키고, 결국 가슴이 답답해지며 사람의 진을 빼놓는다.

근육 긴장을 완화하는 첫 단계는 불안할 때 신체의 어떤 부분이 긴장하는지 미리 알아두는 것이다. 다음 훈련은 이를 위해 도움을 준다.

훈련 | 나만의 근육 긴장 목록 작성하기

지금 바로 턱, 혀, 입술이 이완되어 있는지 혹은 긴장하고 있는지 확인하라. 근육 긴장이 이마를 팽팽하게 하는지 생각해보자. 어깨가 느슨하고 낮게 이완되어 있는지, 귀 쪽으로 올라가 있는지 확인한다. 어떤 사람들은 금방이라도 주먹에 맞을 것처럼 배를 긴장시킨다. 주먹을 쥐거나 발가락을 말아 올리는 사람도 있다.

지금 이 순간 몸의 어느 부위에 긴장을 유지하고 있는지 몸 전체를 살펴보고 리스트를 작성하라. 긴장하면 유독 탈이 나는 신체 부위가 어떤 곳인지 알게 된다면 그 부위를 이완시키는 방법을 배울 준비가 된 것이다. 먼저 근육에서 긴장과 이완의 느낌이 어떤 차이를 만들어내는지 경험하라. 그 차이를 아는 것은 아주 유용하다. 다음 훈련은 이것을 탐구하는 데 도움이 된다.

훈련 | 긴장 vs. 이완에 관한 차이 느껴보기

가슴이 답답하거나 압박을 느끼면 흔히 긴장했다고 표현한다. 그에 반해 이완은 느슨하거나 나른한 기분으로 묘사된다. 여기서 긴장 대 이완에 관한 경험을 파악하는 데 도움이 되는 요령을 하나 소개한다.

먼저 한쪽 손의 주먹을 꽉 쥐면서 열까지 세자. 이어 무릎이나 다른 신체 표면에 그 주먹을 내려놓으면서 손을 이완시키라. 주먹을 꽉 쥐면서 경험했던 긴장감과, 근육을 느슨하게 하고 기운을 빼면서 느낀 이완감을 서로 비교하라. 둘 사이의 차이가 느껴지는가? 단단히 조였다가 느슨하게 이완했던 손을 다른 손과도 비교하고, 어느 손이 다른 손보다 더 이완된 느낌인지 주목하라. 종종 근육을 긴장시켰다가 풀어주면 해당 근육이 이완되는 느낌을 받을 수 있다.

훈련) 점진적 근육 이완 과정 즐기기

근육 이완 기법 중 가장 대중적인 것은 점진적 근육 이완이다(제이콥슨 1938). 이 기법은 한 번에 하나의 근육 그룹에만 집중하는 것을 말한다. 어떤 한 그룹에서 근육을 잠시 긴장시켰다가 이완하고, 이어 다음 근육 으로 옮겨가서 똑같은 행동을 하고, 이런 과정을 모든 주요 근육이 이완 할 때까지 계속 반복하는 훈련이다.

맨 처음에 점진적 근육 이완을 시도하며 모든 근육 그룹을 긴장시키고 이완하는 전 과정을 완료하는 데 30분까지 걸릴 수 있다. 반복 연습하 다 보면 시간을 훨씬 덜 들이고도 손쉽게 근육을 이완하는 법을 터득할 수 있다. 부지런하게 실천하면 5분도 안 되는 짧은 시간으로도 만족스 러운 근육 이완 수준을 달성할 수 있다.

먼저 이 훈련을 위해 딱딱한 의자에 앉는다. 호흡에 집중하는 것으로 시 작하라. 잠시 시간을 들여 완만하고 깊게 횡격막 호흡을 실행하라. 매분 대여섯 번 호흡하도록 간격을 늦춘다면 이완이 촉진된다.

호흡할 때 '휴식', '기쁨' 같은 마음에 평안을 주는 단어를 생각해도 유용 하다. 혹은 이완을 강화하는 이미지를 떠올려도 된다. 숨을 내쉴 때마다 스트레스를 내보내고, 들이쉴 때마다 맑은 공기를 들이켜는 상상을 할 수도 있다. 스트레스가 색깔을 지니고 있어(검은색이든 붉은색이든) 숨을 내쉴 때 그것을 내보내고 숨을 들이쉴 때는 스트레스 없는 무색의 공기 를 받아들여 몸을 채운다는 상상도 유익하다.

이어 특정 근육 그룹에 정신을 집중한다. 그렇게 하는 동안 호흡에 어느 정도 주의를 유지하며 호흡이 계속 완만하고 깊게 이루어지도록 하라.

잠시 주먹을 쥐는 것으로 손 근육을 긴장시키는 것부터 시작해보자. 몇 초 뒤에 각 손가락을 포함해 손이 완전히 이완되도록 하자. 손을 무릎 위에 내려놓으면서 마치 중력이 그 손을 잡아당기는 것처럼 상상해보 자. 이때 근육을 이완시키고자 손가락을 꿈틀거릴 수도 있다.

이어 팔뚝에 주의를 집중하고 다시 주먹을 쥐고 팔뚝 근육도 조이면서 잠시 팔뚝에 근육 긴장이 일어나도록 하자. 몇 초 뒤에 손을 무릎에 떨어뜨리고 손과 팔뚝 근육이 완전히 이완하도록 하자. 팔뚝에서 모든 긴장을 푸는 데 집중하고 나른한 상태를 느끼자.

다음엔 상완(위 팔뚝)으로 이동하자. 손과 팔뚝을 상완과 가깝게 당기고 이두박근을 긴장시키자. 이어 완전히 느슨하게 하고 이완시켜 팔을 옆으로 축 늘어지게 하고 이완된 손과 팔의 무게가 어떻게 이두박근을 늘어나게 하여 이완된 상태로 변하게 하는지를 느껴 보자. 팔을 흔들면 남아 있는 긴장을 푸는 데 도움이 된다.

이제 발에 집중하자. 발가락을 웅크려 긴장시켜라. 몇 초 뒤 발가락을 꼼지락거리거나 펴서 긴장을 풀자. 같은 방식으로 다리에도 계속 작업하자. 발뒤꿈치를 땅에 두고 발과 발가락을 위로 움직이게 하여 종아리를 긴장시키고, 이어 편안히 발을 뻗는 것으로 이완하라. 발을 땅으로 밀어내는 것으로 넓적다리를 긴장시키고, 이어 긴장을 풀고 이완의 감각에 집중하라. 이어 엉덩이를 긴장시키고 풀어보라.

이제 이마 근육으로 가보자. 얼굴을 찌푸려 긴장시켜라. 이완을 위해 눈썹을 들어올리고, 이어 눈썹을 풀어 편안한 위치에 있게 하자. 다음으로 턱, 혀 그리고 입술로 가자. 이를 악물고, 혀를 밀어 치아에 대고, 입술을 꾹 다물자. 입을 천천히 열고 입술과 혀를 편하게 두어 긴장을 풀자. 이때 호흡이 여전히 느리고 깊은지 확인해보면 좋다.

이제 머리를 뒤로 젖혀 목을 긴장시켜라. 긴장을 풀기 위해 부드럽게 머리를 한쪽으로 기울이고, 이어 다른 쪽으로 기울인 다음 완만하게 가슴을 향해 턱을 기울여라.

다음으로 어깨를 들어 귀를 향해 올린 후에 이어 완전히 긴장을 풀자. 팔과 손의 무게가 어깨를 아래로 당기도록 하라. 마지막으로 몸통에 집중하자. 복부에 가해지는 펀치를 대비하는 것처럼 배의 근육을 조여라. 이어 완전히 긴장을 풀고 복부 근육이 느슨하고 부드럽게 되도록 하라.

이런 식으로 잠시 시간을 들여 몸 전체 구석구석까지 긴장이 풀리는 감각을 느껴라. 이어 부드럽고 편안하게 기지개를 켜고 다른 활동으로 돌아가라.

***

이런 식으로 매일 점진적인 근육 완화를 실천하고, 대략 10분 이내에 이완 효과를 충분히 달성할 때까지 적어도 매일 두 번 실천해보라. 사람들은 그 과정에서 더 이상 근육을 긴장시키는 일 없이(그러나 스트레스에 취약한 근육은 어느 정도 긴장할 수밖에 없다), 뭉쳐 있는 근육 대부분을 이완시키는 법을 배운다.

그러나 사람에 따라, 각기 다른 근육 부위에 문제를 겪는다. 예를 들어 어떤 사람은 계속 이를 악문다면, 다른 사람은 계속 어깨에 긴장을 유지한다. 이처럼 점진적인 근육 이완은 익숙해지기까지는 개인적으로 연습이 필요한 과정이며, 어느 부위에 집중할 것인지는 자신만의 필요를 염두에 두고 잘 조정해보라.

근육 이완을 위한 나만의 계획 수립

다양한 근육 이완 접근법을 시도한 다음에 당신에게 가장 효과적인 것을 선택하라. 결국, 자기 자신은 본인이 가장 잘 안다. 여러 접근법을 실험하면서 염두에 둘 것은 어떤 기법이 되었든 우선 실천해야 한다는 점이다.

부상이나 만성 통증으로 곤경을 겪고 있다면 근육을 억지로 긴장시키다가 역효과가 날 수도 있다. 이런 경우라면, 위에서 설명한 점진적 근육 이완 과정을 훈련할 수도 있는데, 그 과정에서 각 근육 그룹별로 완화시키는 것이 아니라, 근육 그룹 전체에 주의를 기울이면서 모든 근육의 긴장을 풀고자 시도하라.

근육 이완 과정을 숙달했다면 이제 더 빠르고 더 효율적인 무긴장 접근법을 자유롭게 사용할 수 있다. 편도체와 교감 신경계 활성화를 억제하면 부교감 신경계를 자극할 수 있는데, 이를 위한 가장 효과적인 방법은 호흡 집중과 근육 이완의 두 가지 방법을 결합하는 것이다.

이미지 기반의 이완 전략

이미지를 떠올리는 것 역시 유익한 근육 이완 전략이다. 이 방법을 잘 사용하는 사람들은 일상을 벗어난 다른 장소에 가 있는 자기 자신을 자주 상상하곤 하는데, 이완 상태에 따른 효과를 최대화하기 위해 이미지 떠올리기를 적극 활용한다.

상상력이 풍부한 사람이라면 해변이나 평화로운 숲속 작은 공터에 가 있는 걸 상상하는 것만으로도 근육 이완 훈련에 집중하는 것만큼이나 만족스러운 이완 효과를 볼 수 있다.

사실 호흡이나 근육 이완에 곧바로 집중해서 효과를 거둘 것인지 혹은 이완에 유익한 환경 속에 있는 자기 모습을 상상하는 것으로 효과를 거둘 것인지는 그다지 중요하지 않다. 이완 상태에 도달한다는 목적만 달성한다면 자신에게 가장 맞는 방법을 사용하면 된다.

어느 쪽이든 가장 중요한 목표는 심호흡과 근육 이완이다. 그게 편도체 활성화를 억제하는 핵심 과정이다.

생생한 이미지 떠올리기

복잡한 마음을 느긋하게 하는 아래와 같은 묘사를 읽어보자. 잠시 눈을 감고 그 안에 있는 자신을 상상해보라.

> 따뜻한 해변에 있는 자신을 떠올려보라. 살갗을 따뜻하게 감싸는 태양 그리고 바다에서 불어오는 서늘한 미풍을 느껴라. 해변으로 밀려오는 파도 소리와 먼 곳에서 새가 우는 소리도 들어라. 몇 분 동안 긴장을 풀고 해변을 즐겨라.

묘사된 환경을 얼마나 잘 상상할 수 있었는가? 그런 장면이 손쉽게 떠오르고 즐겁고 매력적으로 느껴진다면, 이완 전략 중 하나로 이미지 떠올리기를 적극 활용할 것을 추천한다. 당신이라면 다른 접근법보다 더 효과적으로 근육 이완 상태에 도달할 수 있을 테니까. 반면 이런 방법으로 긴장을 풀기 어렵고 마음이 산만해진다면 더 유용한 다른 전략을 찾아야 한다.

훈련 **이미지 기반의 이완 실습**

근육을 이완하고자 이미지를 떠올릴 때 당신은 상상 속에서 자기 자신을 다른 장소로 데려가는 것과 같다. 다른 현장으로 마음의 여행을 떠날 때 호흡을 천천히 하고 근육을 이완하라. 아래에 해변 이미지를 예시로 들었지만, 원하는 장소를 자유롭게 선택할 수 있다. 핵심 요령은 눈을 감고 이런 특별한 장소를 상세하게 경험하는 것이다. 이런 편안한 상황에 있는 모습을 상상하는 동안 모든 감각(시각, 청각, 후각, 촉각, 미각)을 활용하려고 해보자. 눈을 감고 오롯이 집중할 수 있도록 이 각본을 다른 사람에게 읽어달라고 요청할 수도 있다.

당신은 해변으로 이어지는 모래 덮인 길을 걷고 있다. 길을 따라 걷는 동안 당신은 계속 그림자를 드리우는 나무들에 둘러싸여 있다. 걸으면서는 신발에 모래가 들어오기 시작하는 걸 느낀다. 나뭇잎이 바람에 살며시 움직이며 내는 바스락 소리가 들리고, 앞쪽에선 해안에 밀려와 부서지는 부드러운 파도 소리가 들린다.

계속 나아가 나무 그늘을 벗어나면 햇볕이 내리쬐고 모래가 뒤덮인 해변으로 들어선다. 주변을 잠시 구경하려고 가만히 서 있는 동안 태양은 머리와 어깨를 따뜻하게 덥힌다. 하늘은 아름다운 푸른색을 띠고, 가냘픈 흰 구름은 하늘에 걸려 움직이지 않는 듯 보인다. 신발을 벗자 발이 파묻히면서 따뜻한 모래가 느껴진다. 신발을 들고 물가로 나아간다. 해안에 주기적으로 밀려오는 파도 소리는 당신을 향해 최면을 거는 것 같다. 당신은 파도와 박자를 맞춰가며 천천히 심호흡한다.

물은 짙은 푸른색이고, 연한 푸른색 하늘과 바다가 만나는 저 멀리 수평선엔 더욱 진한 푸른 선이 보인다. 멀리서 하얀 돛을 단 범선과 붉은 돛을 단 범선 두 척이 서로 경주하는 것처럼 보인다. 유목(流木)의 축축한 냄새가 코에 닿아 둘러보니 근처에 유목 몇 개가 보인다. 신발을 벗어서 매끈하고 잘 건조된 통나무에 올려놓고 파도를 향해 걷는다.

갈매기가 머리 위로 급히 날아다니고 파도와 함께 불어오는 부드러운 미풍을 타고 미끄러지듯 날면서 갈매기가 내는 신나는 울음소리가 들린다. 당신은 피부에 닿는 미풍을 느끼고 상큼한 바다 내음을 맡는다. 파도를 향해 걸어가는 동안 바다에 반사된 태양이 보인다. 축축한 모래를 밟으며 해안을 따라 걷다 보면 발자국이 남는다. 파도가 발 위로 부서지는데 처음엔 놀라울 정도로 차갑다.

당신은 파도가 발목을 찰싹일 때 가만히 서 있다. 반복되는 파도 소리와 갈매기 울음소리를 들으며 얼굴에서 머리카락을 날리는 바람을 느낀다. 당신은 서늘하고 맑은 공기를 천천히 깊게 받아들인다. …

마칠 무렵에는 10부터 거꾸로 1까지 천천히 세면서 서서히 종료하는 것이 좋다. 각 숫자를 세며 점차 당신을 둘러싼 실제 환경을 더욱 깨닫게 된다. 1에 도달했을 때 눈을 뜨고 상쾌하고 이완된 기분으로 현재 순간으로 돌아가라.

이미지 떠올리기를 통해 매일 여행을 떠날 수 있고, 그런 여행은 아무런 제한도 없으며 상상력의 크기에 따라 얼마든지 범위가 확대될 수 있으며, 불과 몇 분 만에 교감 신경계 활성화를 억제할 수 있다. 탐험할 수 있고 평온과 위안의 감정을 얻을 수 있는 장소를 선택하라. 상상력 발휘하기 실천을 하면서 근육을 이완하고 호흡을 느리고 깊게 한다면, 이미지 떠올리기는 편도체 활성화 억제에 무척 효과적이다.

명상: 직접적이고 즉각적인 진정 효과

명상 실습법은 실로 다양하며, 최근에 가장 인기 있는 접근법인 마음챙김도 여기에 포함된다. 여러 명상 실습은 실제로 편도체 활성화를 억제하는 것으로 나타났다(골딘, 그로스 2010). 모든 형태의 명상은 호흡 혹은 특정 대상이나 생각에 주의를 집중한다. 명상 실습에 관한 광범위한 연구에 따르면 명상이 피질과 편도체, 둘 다의 다양한 과정에 영향을 미치는 것으로 나타났다(데이빗슨, 베글리 2012). 그것은 피질을 목표로 삼는 이완 전략이므로 제11장 "피질을 진정시키는 방법"에서 명상, 특히 마음챙김을 더 상세하게 다룰 것이다. 하지만 명상은 편도체 활성화를 진정에도 효과적인 방법이며, 특히 관심의 초점이 호흡일 때는 더욱 효과가 좋다.

명상을 경험했거나 여기에 흥미가 있다면, 이 훈련을 해볼 것을 권한다. 정기적인 명상 실습이 고혈압, 불안, 공황 그리고 불면증을 포함하는 스트레스 상황을 완화할 수 있음을 여러 연구가 입증했다(월시, 샤피로 2006). 하지만 불안 환자에게 가장 중요한 소식은 명상이 직접적이고 즉각적으로 편도체를 진정시키는 효과가 있다는 것이다. 명상은 편도체 반응 완화에 단기는 물론이고 장기적으로도 효과가 있으며, 다양한 상황에서 편도체 활성화를 억제하고 부교감 신경계를 활성화한다(저래스 등 2012). 명상은 분명 효과적인 이완 전략이다. 아침 루틴에 정기적인 명상을 포함한다면 전반적인 불안이 줄어들고, 그날의 요구에 더 잘 대처할 수 있다.

호흡에 집중하는 명상

명상에 관한 많은 접근법에는 호흡에 집중하는 과정이 포함되어 있으며, 명상가들은 호흡 체험과 호흡 집중에 많은 공을 들인다. 호흡 집중 실습이 편도체 반응을 억제하는 데 효과적임을 보여주는 연구도 많다.

한 연구에서는, 사교상 불안으로 고생하는 사람들이 호흡 집중 명상이나 기분 전환(다른 데로 주의 돌리기) 기법 중 하나를 선택하여 훈련을 받았다(골딘, 그로스 2010). 이어 그들은 자신의 불안과 관련된 부정적인 자기 확신, 즉 "사람들은 늘 나에게 불만이 있다" 등의 화두를 명상하도록 제안받았다. 호흡에 집중하는 명상에 참여한 사람들은 이런 화두에 반응하여 편도체가 활성화되는 경우가 별로 없었다. 또 다른 연구에서는 불안장애가 없는 성인들이 호흡 집중 명상이나 공감 집중 명상으로 훈련을 받았다(데스보디스 등 2012). 이들 역시 편도체 활성화 효과의 전반적·지속적 감소를 경험했고, 그중 호흡 집중 명상을 훈련받은 사람들은 더욱 큰 혜택을 보았다.

효과적으로 명상을 활용하려면 어느 정도 실습이 필요하다. 대다수 연구에서는 편도체 기능 안정이라는 혜택을 누리려면 최소 16시간 훈련을 받은 후에, 명상을 실습할 것을 추천했다. 따라서 불안 치료사나 전문가로부터 구체적인 훈련을 받으면 명상의 최대 혜택을 누릴 수도 있다. 마음챙김 명상법은 최근에 특히 인기가 높고, 그 기법에 관한 책들도 많이 나와 있다. 또한, 불안 치료사나 마음챙김 전문 강사를 찾아가도 좋다.

호흡과 이완에 집중하는 명상 기법은 편도체 반응 수정에 가장 효과가 크다. 한 연구(저래스 등 2012)는 명상 실천 이후에 사람들이 이전보다 느려진 호흡수와 부교감 신경계 활성화를 체험했다고 밝혔다. 이런 효과는 명상의 효율성을 증명한다. 호흡 집중을 통해 편도체 활성화를 억제하는 연습을 해보자.

훈련 │ 호흡에 집중하는 명상

이 실습은 무척 단순하다. 눈을 감고 그저 호흡에 주의를 집중하라. 코를 통해 호흡하고, 그렇게 하면서 콧구멍을 통해 공기가 어떻게 느껴지는지 주의를 기울여라. 억지로 호흡해선 안 된다. 그저 길고 천천히 호흡하면서 코와 가슴으로 드나드는 들숨과 날숨의 감각을 관찰하라. 호흡의 감각을 즐겨라.

가령 콧구멍으로 들어가는 공기와 나오는 공기 사이의 차이에 주목하라. 공기가 당신의 폐를 확장하는 방식에 주의를 기울여라. 호흡의 각기 다른 여러 단계에 주목하라. 들이쉴 때 폐를 채우는 공기, 내쉴 때 폐가 텅 비는 느낌을 주목하라. 이어 흡입 과정에만 집중하고, 흡입 시작이 흡입 과정이나 종료와는 어떻게 다른 느낌인지도 스스로 느껴보라.

이런 명상을 하는 동안에도 마음은 금세 다른 생각으로 흘러갈 가능성이 크다. 주의력 산만은 생각보다 흔하고 자연스럽게 일어난다. 이런 일이 발생하면 다시 호흡에 집중하면 된다. 50번 다른 생각으로 흘러도 50번 호흡에 다시 집중하면 된다. 그렇게 5분 동안 계속 호흡에 집중하고, 이어 천천히 완만하게 명상에서 빠져나와라.

일상에서 나만의 이완법 사용하기

어떤 접근법을 선택하든 일상 스케줄에 이완 기회를 넣는다면 공포와 불안에 적극 대처가 가능해진다. 아침이나 저녁, 근무 중 휴식 시간 혹은 대중교통을 타고 가거나 걷는 중에도 이완을 연습할 수 있다. 매일 어떤 부류의 이완을 위한 기회를 적어도 서너 번 잡아보자. 5분 정도로도 심박수와 근육 긴장을 줄일 수 있다. 공황발작 경험이 있다면 발작을 방지하거나 증상을 경감시키기 위해 이완 전략을 적극 활용해보자. 정기 실습은 전반적인 스트레스 수준을 줄여준다.

다른 사람들과 마찬가지로, 불안을 느끼는 당신은 하루를 보내면서 긴장이 서서히 쌓인다는 걸 안다. 이처럼 긴장하고 경계하면서도 신체를 온전히 유지하는 것은 중심핵과 교감 신경계 덕분이다. 낮에는 중심핵이 교감 신경계를 활성화하지만, 밤에는 이완을 통해 부교감 신경계를 활성화하여 교감 신경계를 계속 꺼둘 수 있다. 방안을 계속 시원하게 만드는 에어컨처럼 당신은 과열 경향이 있는 편도체를 계속 식힐 필요가 있다. 이번 장에서 제시된 여러 기법은 더울 때 에어컨을 가동하거나, 약물이나 정신 치료를 받는 것과는 달리, 시간과 정성을 조금 들이는 것 외에는 어떤 비용도 들지 않는다. 일상적으로 근육 이완 기법을 훈련하면 결국 제2의 천성이 되어 전반적인 불안 수준을 낮출 수 있다.

편도체 기반 불안을 감소시키는 이완 전략은 한두 가지만 있는 게 아니다. 이완 능력은 필요할 때 사용할 수 있어야만 도움이 된다. 그러므로 일상생활에서 그 능력을 적절히 써먹을 수 있는 전략을 선택해야 한다. 누워 있을 때만 이완을 할 수 있거나, 아주 조용해야만 이미지 떠올리기를 할 수 있다면 다른 상황에서는 활용하기 어려우니 적용 범위가 좁아진다. 이를 위해 지금까지 해보지 않은 다른 방법도 알아보고 더 훈련해야 한다. 당신은 자신에게 가장 잘 맞는 기법을 스스로 찾으면 된다.

▎요약: 평소에 편도체를 직접 훈련하는 방법

삶에서 당황스러운 순간을 만나면 당신은 논리적 사고 작용을 통해 편도체를 진정시키려 할지 모른다. 다르게 말해, 피질 기반 전략으로 이완 효과를 거둘 수 있다고 생각하는 것이다. 하지만 이번 장을 읽고서 피질 기반 전략이 아니라 다른 유용한 접근법이 있음을 파악했을 것이다. 생각에 집중하는(피질 접근) 방법 대신에, 편도체 중심핵이 일으키는 생체 반응에 직접 작용하거나, 부교감 신경계 활성화로 불안에 대응해야 효과적으로 대처할 수 있음을 알았을 것이다. 궁극적인 목표는 부교감 신경계 활성화를 증대시켜 스트레스 반응을 극복함으로써 편안한 심리 상태를 촉진하고 그 상태를 유지하는 것이다. 느린 호흡과 이완된 근육은 편도체에 몸이 진정되고 있다는 메시지를 직접적으로 전달하므로, 어떤 생각을 하는 것보다 편도체가 진정될 가능성이 더 높다.

제7장

트리거 이해하기

이번 장에서는 스트레스 반응을 일으키는 편도체 중심핵(central nucleus)에서 감각 정보를 받고 감정 기억을 형성하는 편도체 외측핵을 살펴보기로 하자.

중심핵이 특정 광경이나 소리에 어떻게 반응해야 할지를 결정한다면, 외측핵(lateral nucleus)은 들어오는 감각 정보를 살피고, 감정 기억에 근거하여 위협이 존재하는지 여부를 확인한다. 또한, 외측핵은 불안에 관련된 기억을 만들어내는데, 이러한 기억을 바꾸려면 편도체를 재구성하는 것이 필수적이다.

외측핵과 소통하고 그것이 만드는 기억에 영향을 미치려면 우리는 편도체의 언어를 명확하게 이해해야 한다.

트리거는 어떻게 불안 반응을 일으키는가

2장에서는 편도체 언어가 '연상'에 기반을 두고 있다고 배웠다. 구체적으로 말하면 외측핵은 시간적으로 아주 가깝게 붙어 있는 여러 사건 사이의 연관성을 인식한다. 우리는 트리거가 실제로 부정적인 경험을 유발하는지 여부와 상관없이, 부정적인 사건과 연관된 트리거를 두려워하도록 학습된다. 즉, 트리거가 부정적인 사건과 짝을 이룰 때 편도체는 불안을 일으키도록 되어 있다.

> **사례43**
>
> 린 사례를 보자. 그녀는 성폭행을 당했고, 그 후 범인이 몸에 뿌렸던 향수 냄새에 강력한 공황 반응을 보이게 되었다. 향수 자체는 성폭행과 무관한데도 그런 반응을 이끌어낸 것이다.

편도체 언어에서 트리거와 부정적 사건의 페어링(paring: 짝짓기)은 이처럼 무척 강력하게 둘 사이를 연결한다. 논리와 추리 같은 피질 기반 사유 과정은 편도체에서 발생하는 공포와 불안과 관련해서는 거의 쓸모가 없다. 불안에서 벗어나려고 시도해보는 논리적 설득은 별 효과가 없는데, 그 이유는 딱 하나, 편도체 언어로 말하는 게 아니기 때문이다. 그러므로 페어링에 집중하는 법을 배울 필요가 있고, 이번 장에서는 트리거를 확인하고 부정적 사건과 어떻게 연결되는지를 알아보자.

편도체 기반의 감정 기억에 영향을 미치는 일은 상당히 어려운 작업이다. 이런 기억은 당신이 평소에는 의식하지 못하는 편도체에 의해 형성되고 상기되기 때문이다. 즉, 그런 영향력 있는 기억 중 다수가 당신이 의식하지 못하는 데서 발생한다. 다양한 감각 경험, 심지어 당신이 거의 알아채지 못하는 소리나 냄새 같은, 겉보기엔 무관한 신호조차도 당신에게 불안을 일으킬 수 있다. 이처럼 자연스럽게 의식하기는 어렵다는 이유로 트리거를 인식하는 데에는 상당히 공을 들여야 한다.

논리는 필요 없다

트리거는 불안을 유발하는 자극으로 본래는 중립적인 감각, 대상 혹은 사건이다. 이것은 그 자체로는 대다수 사람에게 공포나 불안을 유발하지 않는다. 본래 그런 것은 긍정적이든 부정적이든 감정 기억과는 무관하고, 따라서 어떠한 반응도 일으키지 않기 때문이다.

2장에서 우리는 돈의 경험을 예로 들었다(사례 28). 베트남 전쟁 참전 용사인 그는 특정 비누 냄새를 맡고 외상후스트레스장애가 시작되었다. 돈에게 비누는 부정적 사건과 연관된 것이고, 따라서 그것은 부정적인 반응을 일으켰다. 그러나 돈의 부인에게 비누는 중립적이었는데, 그녀의 편도체는 그것에 대해 어떠한 감정 기억도 만들어내지 않았기 때문이다. 따라서 비누는 그녀에게 어떤 반응도 일으키지 않는다.

대체로 감각, 대상 그리고 사건 자체는 대다수 사람에게 정서적으로 긍정적이지도 부정적이지도 않다. 군중은 군중이고, 엘리베이터는 엘리베이터일 뿐 아무런 정서도 불러일으키지 않는 것과 같다. 이런 사물들은 불안이든, 행복이든, 애정이든 어떤 감정 기억을 만들어낼 때 비로소 트리거가 된다.

부정적 사건과 짝을 이루는 자극이 트리거가 되는 이유는, 연상 작용을 통해 두려운 반응과 연결되기 때문이다. 이런 변화는 트리거가 부정적 사건과 짝을 지을 때 외측핵이 만들어내는 기억 때문에 생긴다. 예를 들어 린 사례에서 특정 향수 냄새는 본래 그녀에게 아무런 공포나 불안도 가져오지 않았다. 그저 중립적인 냄새일 뿐이었다. 하지만 린이 성폭행당했을 때 그녀의 편도체는 범인이 뿌린 향수로 깊은 감정 기억을 만들어냈다. 이 과정은 아래 〈도해 6〉에 잘 예시되어 있다.

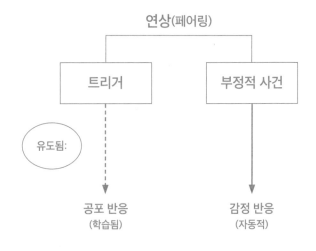

도해 6 트리거는 어떻게 불안 반응을 일으키는가

먼저 중립적인 트리거가 정서를 불러일으키는 부정적 사건과 짝을 이뤘다. 부정적 사건이란 불편, 번민, 고통을 가져오는 사건이다. 〈도해 6〉에서 볼 수 있듯 부정적인 사건은 정서 반응으로 이어진다. 린의 성폭행 경험은 명백히 부정적 사건이다.

도해에서 두 박스를 연결하는 선은 트리거와 부정적 사건 사이

불안할 땐 뇌과학

의 페어링 혹은 연상을 나타낸다. 이는 부정적 사건이 트리거 직후에 발생한다는 것을 시각적으로 보여주며, 이 둘은 그렇게 한 쌍으로 묶인다. 린은 성폭행이 발생하기 직전 향수 냄새를 맡았고, 그것이 페어링을 불러일으켰다. 이런 부류의 페어링은 편도체 반응에 무척 중요하다.

트리거와 부정적 사건 간의 페어링이 이루어지면 트리거가 개입해 '반응'을 변화시킨다. 트리거는 감정 반응을 이끌어내지 않는 대신 이제 학습된 공포 반응을 유도한다. 따라서 린의 사례에서 향수는 성폭행과 짝을 이뤘기 때문에 향수는 린의 편도체가 공포 반응을 일으키도록 유발한다. 이전까지 향수는 중립적이었다. 하지만 이제는 공포를 유발하는 트리거가 되었다. 이런 공포 반응은 측면 편도(lateral amygdala)에서 학습되고 감정 기억으로 보관된다.

많은 형태로 나타나는 트리거 발견하기

〈도해 6〉 같은 다이어그램은 트리거 확인에 사용된다. 이것이 어떻게 작용하는지 보여주는 다른 사례가 있다. 보통 자동차 경적은 강한 공황 반응을 유발하지 않는다. 하지만 경적에 공황 반응이 일어나려면 교통사고 등 무척 부정적인 사건과 짝을 이루어야 한다. 그런 상황에서 발생할 수 있는 페어링을 도해로 그려보자.

이 사례에서 경적과 자동차 사고 사이에 페어링이 되면 측면 편도체는 자동차 경적에 대한 기억을 형성한다. 이후 편도체는 자동차 경적을 들을 때마다 공포 반응을 보인다. 경적이 사고를 일으킨 것이 아니라 사고와 연관된 것일 뿐이라는 사실을 유념하자. 기억하라. 편도체 언어는 연상이나 페어링을 바탕으로 할 뿐, 인과 관계에 의존하지 않는다. 이 때문에 피질의 논리적 설득은 통하지 않는 것이다.

트리거는 많은 형태로 나타난다. 어떤 광경일 수도 있고, 냄새, 소리 혹은 상황일 수도 있다. 예를 들어 어떤 사람이 자동차 사고를 당한 뒤 지각하게 된 특정 교차로 광경, 탄 고무 냄새, 브레이크 소리 혹은 심지어 브레이크를 밟는 감각 등이 각각 트리거가 되어 공포를 유발할 수 있다. 그렇게 하여 각 트리거는 공포나 불안의 파생 신호가 된다.

〈도해 6〉 다이어그램은 편도체 학습 과정을 기억하는 데 도움을 준다. 이 다이어그램에서 각 자극과 반응을 연결하는 기호에 주목하면 트리거와 부정적인 사건의 차이를 구분할 수 있다. 부정적인 사건에서 감정 반응으로 이어지는 굵은 화살표는 부정적인 사건(교통사고)과 반응 사이에 '자동 연결'이 있음을 나타낸다. 반대로, 트리거(자동차 경적)와 공포 반응 사이의 연결은 트리거와 부정적 사건의 페어링으로 측면 편도에 의해 생성되거나 학습된 것이다. 점선은 공포 반응이 학습된 반응이며 나중에 수정될 수 있음을 나타낸다.

트리거와 편도체 사이의 관계

관련 트리거와 부정적 사건을 별도의 것으로 서로 구분해 식별하면 편도체 언어가 어떻게 불안을 만들어내는지 이해하는 데 무척 유용하다. 여기 몇 가지 유익한 지침이 있다. 트리거와 부정적 사건은 공통적으로 모두 어떤 자극인데, 그것은 구체적으로 당신이 보고, 듣고, 느끼고, 냄새 맡고 혹은 경험하는 대상, 사건 혹은 상황이다.

그러나 둘 사이에는 본질적으로 다른 점이 있다. 트리거는 학습에 의해 공포나 근심의 대상이 되지만, 부정적 사건은 당신의 반응과는 무관하게 원래부터 부정적인 사건인 것이다. 트리거는 당신의 감정을 활성화하고, 비록 당신이 그런 정서를 비논리적이라고 생각하고, 그런 식으로 반응하지 않기를 바랄지라도 무의식적으로 그렇게 하는 것이다. 기억하라. 감정 기억은 편도체 내에 보관되어 있는 것이지, 피질과는 무관하다. 학습된 공포 반응은 다양한 대상, 소리 혹은 상황에서 생긴다. 단 그런 반응은 강력한 부정적인 사건과 서로 연관되어야 한다.

> **사례44**
>
> 어떤 사람은 롤러코스터에서 멀미를 느끼기 때문에 놀이공원 탑승을 두려워한다. 반면 같은 놀이 기구를 타더라도 흥분과 스릴을 느끼며 좋아하는 사람이 있다.

편도체 외측핵은 이런 연상을 인식하고 기억하며, 그게 우리의 차후 반응을 결정한다. 이런 감정 기억은 무척 강력하고 또 오래 지속된다.

훈련) 트리거를 다이어그램으로 만들기

시간을 어느 정도 두고 트리거, 부정적 사건 그리고 학습된 반응 대(對)자동적 반응을 다이어그램(도해)으로 만드는 법을 배워보자. 이런 언어에 능통하게 되면 편도체와 소통할 수 있는 능력이 생긴다. 대다수 경우다이어그램에서 이 트리거와 부정적 사건만 밝혀내면 된다. 이를 통해트리거를 확인하고 부정적인 사건과 트리거를 구분하는 법을 배울 수있다.

편도체는 알고 있다

불안 반응에 저항하도록 뇌를 재훈련하는 작업이 효과를 발휘하려면 당신에게 불안을 일으키는 트리거를 잘 알아야 한다. 이런 이유로 불안 반응과 연결된 상황과 사건을 면밀히 살펴보는 것이 중요하다. 다음 장에서 설명하게 되는 노출 치료 기법을 통해 트리거 확인에 도움을 받을 수 있다.

자신에게 공포를 안겨주는 트리거를 언제나 정확하게 발견할 수 있는 것은 아니다. 트리거에 논리적 근거가 따라다니지 않기 때문이다. 그럼에도 편도체는 트리거에 무척 민감하게 반응한다. 불안 반응을 효과적으로 줄이기 위해 불안을 유발하는 트리거의 정체를 확인할 필요가 있고, 트리거에 대한 편도체 반응을 바꾸기 위해 제8장에서 논의된 접근법(노출 치료 기법)을 활용해야 한다.

훈련 ┃ 트리거 확인, 이렇게 하라

잠시 시간을 들여 당신이 일상에서 불안을 경험하는 여러 상황을 생각해보자. 상황은 다양하지만 공통 트리거는 몇 개 안 된다.

사례45

당신은 직장에서 많은 트리거 상황을 확인하고, 그 안에서 공통 요인을 발견할 수 있다. 같은 트리거가 여러 다른 상황에서 나타나기 때문이다. 구체적으로, 하급자를 괴롭히는 상급자, 높아지는 언성 혹은 집단 앞에서 말해야 하는 상황 같은 것이다.

많은 상황에 공통으로 해당하는 트리거를 포함하여 그 정체를 가장 잘 확인하려면 불안을 느끼는 여러 상황을 최대한 많이 생각해내야 한다. 불안을 경험한 여러 상황이 확인되면, 반응 시 당신의 체내 감각도 기록 해두자. 예를 들어 쿵쾅거리는 심장, 현기증 혹은 화장실 가고 싶은 느낌 등이 공황발작을 예감하게 한다면 그런 것을 리스트에 포함해야 하는데, 이러한 체내 감각도 불안의 트리거이기 때문이다.

이런 상황을 기록하는 데 활용할 수 있는 '불안 유발 상황표'를 만들라. 빈 종이에 비슷한 형태로 만들 수도 있다. 왼쪽에는 "불안 유발 상황"을 설정하고 오른쪽에는 "불안 수준", "빈도", "해당 상황의 트리거" 등을 차례로 확인한다. 불안 수준은 1에서 100의 강도로 평가한다. 1은 최소, 100은 견딜 수 없는 수준이다. 기록표 활용법에 관해 어느 정도 감을 잡게 해주는 사례가 여기 있다.

사례46

마누엘은 "불안 유발 상황"에 상급자와의 연례 고과, 직원회의 시 발표, 아내와의 말다툼을 기재했다.

첫 항목인 상급자와의 연례 고과에 대해 그는 불안 수준을 70으로 평가했고, 빈도는 1년에 한 번이라고 적었다. 오른쪽 열에 그가 확인한 트리거로는 그 회의 일정에 대한 상사의 이메일 알림, 성과에 관해 상사와 이야기할 때, 상사의 얼굴에서 자주 보는 찡그린 표정, 상사가 짜증을 낼 때 사용하는 목소리 톤 등이 있었다.

다음으로 그는 직원회의 시 발표를 불안 유발 상황으로 꼽았다. 그는 이 강도를 95라고 평가했는데, 거의 견딜 수 없는 수준이었다. 그는 매달 한 번 업무상 발표를 해야 한다. 구체적인 트리거로는 발표할 때 마르는 입, 자신을 바라보는 직장 동료, 제시한 아이디어에 대한 동료들의 비판과 표정 등을 꼽았다. 마누엘은 다른 사람들의 비판을 각오하고 자기 모습을 드러내 어떤 아이디어를 제시해야 하는 회사 내 업무 환경이 불안의 원천이라는 걸 알았고, 못마땅해하는 상대방의 부정적 표정이 불안을 유발하는 반복적 트리거라는 점도 확인했다.

이런 식으로 불안을 유발하는 특정 트리거를 확인하는 것은 무척 중요하다. 당신이 듣는 소리, 보는 것, 느끼는 감각 그리고 냄새 맡거나 맛보는 것을 생각해보라. 무엇을 생각하고 상상하는지도 살펴보라. 편도체가 항상 세세한 방식으로 감각을 처리하는 것은 아니므로 트리거에 관한 기록은 대략적이면 된다. 목록 작성 후 특정 트리거가 반복하여 나타나는지 혹은 불안을 유발하는 여러 다른 상황을 통틀어 일정한 패턴을 보이는지 주목하라. 이렇게 하면 자신만의 불안 트리거를 확인할 수 있다.

사례47

밀실 공포증이 있는 사람이 엘리베이터를 보기만 해도 불안을 느낄 것은 너무나 명백하다. 하지만 그런 사람도 다른 때에는 트리거와 불안 사이의 연결 관계가 명확하지 않을 수 있다.

특정 개의 으르렁거리는 소리가 공포를 유발했다면 다른 개가 으르렁거리는 소리도 공포를 유발할 가능성이 높다. 이것은 달리 말하면, 개 으르렁거리는 소리와 비슷한 소리조차도 공포감을 일으킬 수 있다는 뜻이다. 놀라운 점은 그저 개가 으르렁거리는 소리를 상상만 하더라도 편도체는 활성화된다. 당신이 어떤 소리를 상상하면 기억은 활성화되고, 그것은 다시 자동으로 편도체 반응을 이끌어낸다.

불안할 땐 뇌과학

때때로 특정 트리거가 불안을 유발하는 이유는 명확하다. 특정 브랜드 비누의 냄새가 트리거였음을 밝혀낸 베트남전 참전 용사 돈은 트리거와 불안의 상호 연결 관계가 분명했다. 이것이 반드시 논리적인 연상 관계는 아니지만, 어떻게 발생하는지 확인할 수는 있다.

몇몇 경우에서 특정 트리거가 불안을 끌어내는 이유는 불명확하다. 다행히도 두려운 반응을 유발하는 트리거를 정확히 알 필요는 없다. 그 이유가 무엇이든 간에 당신은 편도체를 재훈련할 수 있고, 무엇이 감정 기억을 만드는지 잘 모를 때라도 여전히 편도체 재훈련이 가능하다.

기록표를 작성하고 특정한 불안 트리거를 확인하는 동안, 단순히 트리거를 생각하는 것만으로도 눈에 띄는 수준의 불안을 경험할 수 있다. 여러 상황을 검토하면서 불안이 느껴지더라도 걱정하지 말라. 대신 당신의 감정 반응을 하나의 지표로 삼으라. 이런 정서 반응은 불안 트리거를 확인하고 무엇이 편도체를 작동시키는지 알아내는 데 도움을 준다. 따라서 불안함을 느끼기 시작하면 자신이 수정해야 할 두뇌 회로가 예열되는 중이라고 생각하며 대수롭지 않게 넘기라. 실제로 공포 유발 트리거를 떠올리는 과정은 새로운 신경 연결을 활성화하고 뇌 회로를 재설계하는 첫 단계이다.

물론 말처럼 쉽지 않을 수도 있다. 이 작업은 당연히 불안을 일으킨다. 어쩌면 트리거를 생각하는 과정이 너무 힘들다고 생각할지도 모른다. 그렇다면 이 과정을 지원하고 안내해주는 치료사와 함께 이 탐색을 시작하는 것이 좋다. 인지행동 치료사는 제8장에서 설명할 노출 치료 기법을 포함해 이러한 접근 방식에 가장 경험이 많은 전문가다.

먼저 처리해야 하는 트리거 정하기

다음 장에서 우리는 특정 트리거에 대한 편도체 반응을 재훈련하는 과정을 설명할 것이다. 여기서 강조하고 싶은 것은 모든 두려움을 없애는 것은 가능하지도 않고 필요하지도 않다는 점이다. 실제로 모든 공포를 제거하려고 애쓰는 건 좋은 생각이 아니다. 공포는 많은 상황에서 적절한 힘이 되기도 한다. 차가 많이 다니는 고속도로를 건넌다거나, 번개 치는 폭우가 시작되는데 골프를 치고 싶은 마음이 들 때는 당연히 공포를 느껴야 한다. 이것은 자연이 당신에게 경계 심리를 심어주어 조심하게 만드는 것이다. 다시 말해 때로는 적절한 힘이 되어준다. 이미 언급했듯 공포가 반드시 문제를 일으키지는 않는다.

> **사례48**
>
> 비행에 대한 두려움은 별다른 문제 없이 항공 여행 외에 다른 대안을 택할 수 있는 사람에게는 거의 영향을 미치지 않는다. 우리의 목표는 각자 원하는 삶을 살고자 할 때 꼭 해결해야만 하는 불안 반응을 수정하려는 것이다.

어떤 상황과 트리거를 우선적으로 처리해야 할지 정하는 데에는 다음과 같은 세 가지 고려 사항이 있다.

첫째, 삶의 목표를 방해하는 수준이 어느 정도인가?

둘째, 유발하는 고통 강도가 어느 수준인가?

셋째, 발생 빈도는 어떠한가?

이러한 요소 중 일부 또는 전부를 기준으로 삼을 수 있겠지만, 이것을 고려하면 우선순위를 정하는 데 도움이 된다.

삶의 목표를 방해하는 트리거

이 책의 〈들어가는 글〉 끝부분에서, 불안이 아예 없다면 삶이 어떨 것 같은지 한번 생각해보라고 말했다. 목표와 희망에 대한 생각을 다시 살펴보는 것은 어떤 트리거에 집중할지 결정하는 데 중요한 단계다. 먼저, 일상생활의 목표를 가장 자주 혹은 심각하게 방해하는 트리거부터 처리하도록 우선순위를 정하길 권한다. 정서 반응을 동반하는 트리거 중 어떤 것이 당신의 목표를 가장 심각하게 혹은 자주 훼방하고 가로막는가?

> **사례49**
>
> 재스민 사례를 보자. 그녀는 공개 연설 강좌 이수를 요구하는 간호 프로그램에 등록할 때까지 공개 연설과 관련된 상황은 일부러 모두 피했다. 하지만 재스민은 공개 연설에 대한 불안감이 자신의 목표를 방해하는 것을 알아차렸다. 그러자 공개 연설에 대한 두려움을 극복하기 위한 돌파구가 필요하다는 동기가 부여되었고, 오랜 세월 공존해온 자신만의 두려움을 변화시키는 데 마침내 성공했다.

불안이 당신의 목표 성취에 장애가 되는 상황을 만난다면 그 불안을 줄이는 데 집중하길 권한다. 우리 의도는 불안 자체를 없애려는 것이 아니라, 목표를 가로막는 불안을 극복함으로써 목표 달성이 일상생활의 원동력이 되게 하려는 것이다.

극도의 고통을 유발하는 트리거

처리해야 할 상황과 트리거의 우선순위 설정에서 고려해야 할 두 번째 사항은 여러 상황에서 당신이 느끼는 불안의 강도다. 불안 유발 상황 기록표에서 강도를 매기라고 요청한 이유이기도 하다. 특정 상황이 무척 높은 불안 수준을 일으킨다면 당신은 먼저 거기에 집중하고 싶을 것이다. 심신을 쇠약하게 하는 강한 스트레스를 가져오기 때문이다. 이러한 상황에서 느껴지는 감정을 바꾸면 가장 큰 안도감을 얻을 수 있다.

사례50

아프가니스탄에서 두 번 복무한 뒤 버지는 헬리콥터, 사이렌, 총성, 폭발을 포함한 다양한 소리에 공포 반응을 강하게 보였다. 하지만 그가 100 이상으로 평가한 가장 강렬한 공포 트리거는 폭발음이었다. 그는 폭죽 소리가 끔찍하다고 생각했고, 따라서 폭죽놀이 행사가 벌어지는 독립 기념일이나 12월 31일은 그에게 공황발작을 일으킬 수도 있는 악몽 같은 날이었다. 버지는 가족과 함께 이런 공휴일을 즐길 수 있도록 먼저 폭발음에 대한 공포를 극복하는 데 집중하기로 했다.

빈번히 발생하는 트리거

또 다른 고려 사항은 불안을 유발하는 특정 상황에 당신이 얼마나 자주 노출되는지다. 불안 유발 상황 기록표를 완성하는 것은 불안을 느끼는 상황을 확인하는 데 도움을 준다. 그런 트리거 상황에서 느끼는 불안을 줄이면 삶의 질은 크게 향상된다. 불안은 당신 일상에 커다란 영향을 미치기 때문이다.

개에 대한 두려움이 있는 우편 집배원인데, 자신이 우편물을 배달하는 거주 지역이 개들을 많이 키우는 동네라면 어떻게 해야 할까? 당연히 그 두려움을 먼저 해결해야 한다. 그는 그런 불안 트리거를 여러 번 경험했기에 이를 극복하지 않고는 업무는 물론이고 일상을 정상적으로 살아갈 수 없다고 여러 차례 깨달았다.

요약: 해결 후 삶의 질이 급격히 좋아지는 한 가지를 정하라

우리가 지금껏 살폈듯이, 불안 유발 상황표는 변화시키려는 상황을 명확히 파악하는 데 지극히 유용하다. 그때마다 자신의 트리거를 알아차리면 편도체에 무엇을 가르쳐야 하는지 확인하는 데 도움이 된다. 물론 모든 불안 트리거에 대해 반응할 필요는 없다. 당신의 목표와 꿈을 가로막는 불안 상황, 가장 큰 고통을 일으키는 상황, 자주 마주치는 상황을 유발하는 트리거를 주요 공격 목표로 삼아라.

일반적으로 말해, 가장 좋은 방법은 일단 극복하면 삶의 질이 크게 향상되는 불안 상황부터 먼저 공격하는 것이다. 다음 장에서는 이를 위해 편도체를 재구성하는 방법을 설명한다.

제8장

뇌에 우회로를 만들어라

7장에서 우리는 편도체가 공포나 불안을 일으키는 특정 트리거에 반응하는 매커니즘을 살펴보았다. 일단 그러한 반응이 형성되면 패턴을 바꾸고 편도체가 유발 요인에 대한 반응을 멈추게 하기는 어렵다. 편도체에 의해 형성된 감정적 기억을 쉽게 지울 수는 없지만, 편도체에서 두려움과 불안을 유발하는 기억과 경쟁하는 새로운 연결을 개발할 수는 있다.

편도체 내에 이런 새 연결망을 설정하려면, 먼저 트리거와 부정적 사건 사이의 기존 연결 관계를 부정하는 상황을 편도체에 학습시킬 필요가 있다. 이전에 경험했던 것과 정반대되는 새로운 정보를 편도체에 가르치면 그 정보에 대응하여 편도체 자체가 그 새로운 경험으로부터 배우고 또 연결망을 새롭게 형성한다.

이렇게 편도체를 새 정보에 노출하는 것은 그 신경 회로를 재설계하기 위함인데 이것이 성공하면 불안을 더욱 쉽게 통제할 수 있게 된다. 비유적으로 말하면, 고속도로상의 교통량이 많은 부분에 우회 도로를 하나 추가하는 것과 비슷하다. 새 신경 통로를 만들고 그곳을 통해 몇 번이고 여행하게 되면 불안을 우회하는 대체 경로를 확립하는 것이다. 이제 더 이상 어쩔 수 없이 공포와 불안에 수동적으로 반응하는 것만 선택지는 아니다. 불안감을 극복할 수 있는 다른 차분한 대응 방법이 당신 앞에 펼쳐진다.

연구에 따르면 편도체에서 새로운 학습은 외측핵에서 발생하므로(펠프스 등 2004) 편도체가 다르게 반응하도록 훈련하려면 외측핵에 새 정보를 전달해야 한다.

뇌 내부의 피질에서 편도체로 이어지는 연결 관계는 숫자상으로도 비교적 소수이며 게다가 그렇게 존재하는 연결 관계조차 외측핵이나 중심핵과 직접 소통하지 않는다. 피질 내부의 연결 관계는 사이에 낀 뉴런들(intercalcated neurons), 즉 외측핵과 중심핵 사이에 있는 뉴런들에게 메시지를 보내는 방식으로 소통한다. 이런 뉴런들이 피질 내부에서 진행 중인 반응에 일부 영향력을 미치기는 해도, 피질은 외측핵에 직접 연결되지는 않는 것으로 보인다.

편도체가 두뇌, 정서 그리고 행동에 미치는 영향력을 줄이길 바란다면, 반드시 편도체를 훈련해 그 회로를 재설계할 필요가 있다. 이 장에서 서술하는 노출 치료 기법은 외측핵에 새 정보를 전하고 특정 트리거와 연관된 통로(회로)를 재설계한다.

주위를 한번 살펴보라. 타고나서 어쩔 수 없다고 생각하던 불안을 극복한 사람들이 많다. 이들이 그렇게 할 수 있었던 것은 지금부터 소개하는 노출 기법 덕분이다.

대도시에서 사람들이 밧줄에 매달려 고층 건물 창문을 청소하는 것을 보는데, 그들은 마치 태어날 때부터 능숙하게 그 일을 해온 사람처럼 아주 차분한 모습을 보인다. 수상 스키, 승마, 사교댄스 참여자들 역시 나름대로 공포를 극복했다고 보아야 한다. 수영이나 운전도 어느 정도 불안을 극복한 후에나 가능하다.

가령 어떤 위협 상황에 여러 번 노출되긴 했지만 아무런 부정적 결과를 일으키지 않았다면 결과는 어떻게 될까? 그러면 편도체는 그런 상황에서 반드시 공포 반응을 일으킬 필요는 없다고 학습한다. 그렇게 겉보기에 위험한 상황도 안전하다는 신호를 편도체에 보낼 수 있다면, 편도체는 그 상황에 대해 예전에 느꼈던 공포를 자연스럽게 극복할 수 있다. 이것이 노출의 힘이다. 땅에서 넘어진 자는 땅을 짚고 일어서야 하는 것이다.

가장 효과적인 불안장애 치료법

각종 불안장애, 특히 공황발작, 공포증, 강박장애를 다스리는 다양한 유형의 치료법 중에서 노출 치료만큼 극적으로 성공한 사례는 없었다(월리츠키-테일러 등 2008). 이 접근법에서 사람들은 평소 두려워하는 상황이나 대상에, 때로는 점진적으로 때로는 갑작스럽게 노출된다. 그런 노출 중에는 평소 느꼈던 불안이 발생하고, 종종 불편한 수준에 이르기도 하지만 그 불안은 곧 가라앉기 시작한다. 핵심 요령은 어떤 불안 상황을 만나더라도 뒤로 도망치는 일 없이, 그 불안 반응이 자연스러운 과정을 거쳐 가도록 놔두고, 일단 절정에 도달하게 한 뒤 잦아들게 하는 것이다. 이런 방식으로 편도체는 이전에 두려움을 느꼈던 상황 앞에서도 공포와 짝짓기 하는 대신 정반대로 안전한 느낌과 짝짓기를 시작한다.

노출 치료의 힘은 편도체에 새로운 경험을 제공하여 새 연결을 만들도록 유도하는 데 있다. 노출 치료에 관한 폭넓은 연구를 수행한 심리학자 에드나 포아와 그녀의 동료들은 노출 치료법의 효과는 그것이 제공하는 교정 정보(corrective information)에서 나온다고 했다(포아, 허퍼트, 케이힐 2006). 노출을 통해 제공되는 학습 경험은 편도체에게 전에는 공포와 불안을 불러냈던 트리거가 실제로는 위험하지 않고 무척 안전하다는 것을 가르친다. 노출 치료는 편도체 언어로 말하며 편도체를 가르치는 가장 효율적인 방식이다.

이 치료법 중에 체계적 둔감화와 자극 흠뻑 젖기 방법이 있다.

체계적 둔감화(systematic desensitization)는 이완 전략을 배우면서 두려운 대상이나 상황에 점진적인 방식으로 접근해 들어가는 방법이다. 이것은 더디지만 꾸준한 과정이고, 치료가 진행되면서 점점 더 많은 불안을 유발하는 여러 상황을 점진적으로 극복하게 해준다.

이에 반해 자극 흠뻑 젖기(flooding) 방법은 사람들이 가장 공포를 느끼는 상황에 곧바로 뛰어들게 하여 몇 시간 동안 불안에 노출한다. 이 방법은 과격하지만, 훨씬 더 빠르게 불안을 극복하게 해준다.

어떤 접근법이든 처음에는 두려움을 느끼면서 정신적으로 두려워하는 상황에 정면으로 부딪힌다. 하지만 궁극적으로 그런 상황을 반드시 직접 경험해야 하며, 보통 반복적으로 그렇게 해야 효과를 거둘 수 있다. 이것은 아주 도전적인 치료 형태이지만, 조사연구에 따르면 이것이야말로 정확히 편도체 회로를 재설계하는 데 필요한 접근법이다(아마노, 우널, 파레 2010). 따라서 노출을 더 실천할수록 편도체가 전에 두려움을 느꼈던 상황과 트리거에 차분하게 반응할 가능성이 커진다.

점진적이고 체계적인 둔감화나 자극 흠뻑 젖기 중 무엇이 더 효과적일까? 조사연구들은 공포를 일으키는 트리거에 강렬하고 장시간 노출되는 것(자극 흠뻑 젖기)이 점진적인 접근보다 더욱 빠르고 효과적임을 보여준다(케인, 블루인, 배러드 2003). 하지만 이런 접근법이 효과를 발휘하려면 당사자가 그것을 기꺼이 활용하려고 해야 한다. 불안한 사람은 자극 흠뻑 젖기보다 체계적 둔감화 같은 점진적 접근법을 시도하려고 할 가능성이 더 크다. 결국, 어떤 접근법이든 나름대로 효과를 거두는데, 궁극적으로 두 가지 모두 편도체가 이전에 두려워했던 자극에 대해 어떠한 부정적인 결과 없이, 안전하다고 느끼게 하려는 것이기 때문이다.

노출 기반 치료는 무척 효과적이기에 자주 추천을 받는 불안 대응법 중 하나다. 불안 대처법을 배운 많은 사람이 노출과 관련해서 개인 훈련을 하거나 전문 치료를 받았다. 노출 기반 치료에 참여한 적이 없다면 그런 과정을 안내해주는 전문가를 찾아가보라고 권하는데, 각종 증거를 볼 때 치료사의 도움이 무척 유용한 것으로 드러났기 때문이다. 이미 노출 치료를 경험했다면 이 책을 읽고 노출 치료가 왜 그토록 효과적인지 이해하는 데 도움이 되길 바란다. 노출 치료를 시도했지만 효과적이지 않았거나 오래 지속되지 않았다면 이 책에서 그렇게 된 이유를 구체적으로 파악할 수 있을 것이다. 그리하여 또다시 노출 치료를 시도한다면, 이 장에서 약술한 접근법을 사용해 유익한 결과를 얻을 것으로 확신한다.

물론 노출 치료가 쉬운 것은 아니다. 의도적으로 불안 유발 경험에 참여하도록 유도하므로 당연히 불안을 일으킨다. 그러나 일단 이런 과정이 당신의 두뇌 회로를 재설계하는 데 필요하다는 것을 알면, 각종 난관에 적절히 대응할 수 있다. 그리하여 불안 경험에 관련된 스트레스를 더 잘 견딜 수 있게 된다.

두려운 상황이나 대상에 대해 관련 뉴런을 활성화하는 경험이 무엇보다 중요하다. 이런 경험이야말로 편도체에 아주 효과적으로 이야기를 걸면서 학습을 시키는 것이다. 다시 말해 편도체 언어(경험에 의한 학습)를 써서 편도체를 설득하는 셈이다. 당신의 편도체는 꾸준히 당신의 경험을 모니터링하고, 안전하다고 생각하는 것과 위험하다고 생각하는 것 사이에서 연결 관계를 형성한다. 이처럼 노출 기반 치료는 편도체가 새로운 뉴런 연결 관계를 만들고, 이런 연결 관계를 반복적으로 실행하게 한다.

당신의 뇌에 우회로를 만들어라

회로를 재설계하려면 편도체는 특정 경험이 있어야 한다. 노출 치료를 하는 동안, 당신은 불안을 일으키는 특정 광경, 소리 그리고 자극을 경험해야 한다. 이렇게 해야 수정하려는 감정적 기억을 담고 있는 정확한 신경 회로를 활성화할 수 있다. 이런 회로 활성화는 서로 다른 뉴런 사이에 새 연결망을 형성한다. 이어 그런 연결 관계는 편도체 반응을 수정한다. 그러니까 이런 새 연결망을 만들어내기 위해 뉴런을 활성화해야 하는 것이다. 어떤 대상을 정복하려면 먼저 그 대상이 유발하는 공포나 불안을 반드시 경험해야 한다. "너를 내동댕이쳤던 말에 다시 올라타야 한다"라는 옛말은 카우보이가 야생말을 길들일 때 강조하는 가르침인데, 불안 치료에도 그대로 적용된다.[10]

사람들을 자기 편할 대로 행동하게 두면, 그들의 편도체는 두려워하는 상황에 대한 반응을 변화시키는 데 필요한 학습 경험을 얻지 못한다. 실제로 사람들은 자신의 불안 반응을 우려해 노출 치료 기법을 실천하지 않으려 한다.

사례53

비행을 두려워하는 어떤 할머니를 생각해보자. 그녀는 수천 마일 떨어진 대가족을 찾아갈 수 있는 항공권을 선물로 받았다. 하지만 그녀는 여행을 위해 짐 꾸리는 것을 떠올리거나 비행기를 타기 위해 공항에 도착한 장면을 상상하기만 해도 불안이 심해진다. 하지만 이것은 노출 치료를 위한 좋은 기회가 될 수 있다.

안타깝게도 할머니는 이런 사실을 깨닫지 못한다. 자신의 활성화

---

10 "땅에서 넘어진 자, 땅을 짚고 일어서야 한다"라는 우리말 격언과 같은 뜻이다. 가령, 이 책의 〈사례 9〉에 나오는 사람은 하루에도 몇 번씩 손을 씻어야 하는 불안강박증 환자인데, 그가 이런 증세를 떨쳐내려면, 손 씻는 동작을 다시 실연함으로써 불안을 극복할 수 있다. 그 이외의 다른 방법, 가령 피질의 사고 작용을 동원하여 '너는 이렇게 손을 씻을 이유가 없어'라고 설득하려 들거나 손 씻는 세면대를 아예 없애려는 회피는 결코 좋은 방법이 아니다.

된 불안 회로를 재설계하거나 편도체 반응을 바꾸는 데는 직접 비행기를 타는 것보다 더 좋은 경험이 없다. 그런 불안 상황을 직면하기 싫은 할머니는 자연스럽게 비행기 여행을 회피하려 할 것이다.

이 상황에서 당신은 비행기 여행이 자동차 운전보다 더 안전하다고 그녀를 설득할 수 있고, 할머니도 그것을 이해하고 그런 정보로 자신을 설득하려고 할 수도 있다. 하지만 할머니의 편도체는 이성(논리적 사고)을 토대로 작동하지 않는다. 그런 설득은 오히려 스트레스 반응을 일으키는 기존에 확립된 연결망을 더욱 활성화할 뿐이다.

어떤 상황을 두려워하는 사람이 또다시 그 상황에 직면했을 때, 거기서 오는 불편은 때론 견딜 수가 없고, 도망치려는 욕구는 억누를 수가 없다. 그렇지만 할머니가 기존의 불안 회피 방식대로 비행기 여행을 회피한다면 노출 치료 기회를 놓치고 가족과 함께 시간을 보낼 기회도 날아가게 된다. 불안을 먼저 머릿속에 떠올리고 그 상황을 회피함으로써 거기서 도망치려는 이런 역학은 심각한 부작용을 가져온다. 이렇게 하다 보면 기존 불안은 계속 이어지고, 그 때문에 불안 반응은 점점 더 수정하기가 어려워진다. 그리하여 불안은 계속되고 강도도 커진다.

"재설계하기 위해 활성화하라"(activate to generate)라는 구절을 기억하라. 편도체에서 발생하는 기존 학습에 변경을 가하려면 불안 경험이 반드시 필요하다. 뉴런 활성화는 노출 기반 치료에서 효과를 거두기 위한 기본 전제다. 신경 회로의 새로운 연결망을 수립하려면,

먼저 두려워하는 대상이나 상황에 관한 기억을 보관하는 회로를 활성화해야 한다(변경을 위해 자극을 가해야 한다). 그때 정서적 자극과 불안이 느껴진다면 지금 관련 편도체 회로가 제대로 활성화되고 있다는 징후다(포아, 허퍼트, 케이힐 2006).

이런 사실을 확인해주는 증거들이 여럿 있다. 그러니까 더 강한 수준의 정서적 자극을 받은 사람들은 첫 노출 경험 동안 그 치료에서 가장 큰 혜택을 받는다(케이힐, 프랭클린, 피니 2006). 이는 또한 왜 자극 흠뻑 젖기 방법이 체계적 둔감화보다 더 신속하게 효과를 보이는지 설명해준다.

동물 연구와 뇌 MRI로 이런 사실을 밝혀냈다. 아무런 부정적 결과를 일으키지 않으면서도, 불안 유발 상황이나 대상을 일부러 경험하는 과정이 곧 노출 기법이다. 이 기법을 실천하면 뇌의 다른 부분이 편도체 반응을 어느 정도 통제할 수 있다(배러드, 삭세나 2005; 델가도 등 2008). 이 다른 뇌 부분은 전두엽에 있고, 인간을 대상으로 한 연구에 따르면 복내측 전전두피질(ventral medial prefrontal cortex) 부분이 관여하는 것으로 알려졌다(델가도 등 2008). 노출 기법을 실천하는 중에, 편도체에서 발생하는 학습 그리고 이런 학습에 관한 기억은 복내측 전전두피질에 저장된다. 편도체가 이미 학습하고 보관한 공포는 삭제되지 않지만(펠프스 2009), 다른 회로가 개발되어 새롭고 차분한 반응이 학습된다. 앞에서 언급한 비유를 기억하라. 고속도로상 교통이 너무 정체되어 있으면, 다른 우회로를 만드는 것 말이다.

여기서 불안 회로를 '일부러' 활성화하는 것이 비록 긁어 부스럼처럼 느껴지더라도 얼마나 중요한 경험인지 보여주는 비유를 들어보겠다. 차 한 잔을 준비할 때 물이 뜨거우면 더 나은 차 맛을 얻는다. 그러나 찻잎이나 티백을 차가운 물이 담긴 컵에 넣으면 차의 풍미가 잘 우러나지 않는다. 비슷한 방식으로 당신의 신경 회로는 새로운 연결 관계를 만들기 위해 활성화될 필요가 있다. 불안에 관한 신경 회로를 재설계하길 바란다면 먼저 '열기'에 노출되어야 한다.

긍정적 사건을 통한 우회로 형성

어린 소년이 고양이에게 할퀸 불운한 경험이 있다고 하자. 중립 대상인 고양이가 하나의 트리거로 부상한 것은, 고통을 유발한 부정적 사건(할퀴기)과 연관되어 있다. 그 결과 고양이는 소년에게 불안을 유발하게 되었다. 그 뒤로 고양이를 볼 때마다 소년은 불안을 경험하고 고양이와 함께 노는 것에 전혀 관심을 보이지 않았다.

사례54

소년을 도와 새 신경 회로를 만들고 고양이에 대한 공포감을 변화시키려면 먼저 사람에게 싹싹한 고양이를 소년에게 노출할 필요가 있다. 이렇게 해야 편도체 재훈련이 가능하다. 소년이 긍정적인 상황에서 고양이를 보거나 만질 때(고양이를 어루만지고 부드러운 털을 즐기거나 고양이의 익살스러운 행동에 재미를 느끼는 등) 그의 편도체는 고양이와 관련된 새 회로를 만들라는 자극을 받는다. 그렇게 해서 아이가 부정적인 사건 없이 고양이를 관찰하거나 고양이와 가깝게 지낼수록 중립적이고 긍정적인 새 연결망이 강하게 형성되고, 그 결과 불안 빈도나 강도는 줄어들 것이다. 사람에게 친근한 고양이에 반복적으로 노출됨으로써 아이의 편도체는 공포와 불안을 우회하는 길을 만들어낸다.

물론 노출되는 동안 아이는 고양이에 대한 두려움을 또다시 느끼고 힘들다고 호소할 수 있다. 그러나 이러한 노출은 우리가 재배선하고자 하는 뉴런을 활성화하는 데 반드시 필요하다. 소년의 편도체에 고양이와의 새로운 경험을 입력하여 기존의 불안 회로에 수정을 가하지 않고는 외측핵이 기존에 만들어놓은 회로를 바꾸지 못한다. 사실, 아이의 불안은 편도체의 올바른 회로가 활성화되어 새로운 학습을 할 준비가 되었다는 좋은 신호다.

새 연결 관계를 수립하는 과정을 도해로 나타내기 위해 지금껏 활용해온 기초 다이어그램을 좀 더 정교하게 만들어보자(도해 7을 참고하라). 이번에는 고양이를 할퀴기 동작에 연결하지 않고 어떤 긍정적인 경험에 연결한다. 나비를 쫓아가는 장난기 많은 고양이를 보거나 귀엽게 소리 내는 고양이를 어루만지는 일이 그런 사례다. 이런 식으로 고양이는 더욱 긍정적인 기분, 즉 차분함이나 즐거움의 분위기를 끌어내게 될 것이다.

이런 새로운 연결 관계는 기존에 형성된 고양이에 대한 불안에 맞서게 하고, 또 불안 반응을 우회하는 경로를 제공한다. 아이가 고양이와의 긍정적인 경험에 더 많이 노출될수록 새로운 신경 회로는 더 굳건히 형성될 것이고 아이가 장차 고양이를 마주했을 때 불안보다 긍정적인 정서를 느낄 가능성이 더 커진다. 반복된 노출은 이런 새로운 대안적 반응을 만들어낸다.

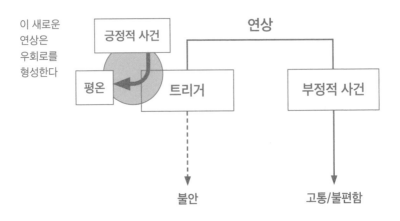

도해 7 새로운 신경세포 연결 만들기

비교적 빠르게 불안에서 탈출하는 방법

노출은 "고통 없이 소득 없다"(no pain, no gain) 상황과 같다. 당신은 두려운 상황에 자신을 노출해야 하고 기존의 불안 반응을 바꾸고 싶다면 먼저 불안을 경험해야 한다. 편도체에서 발생하는 학습 중 최적 상황은 신경세포가 흥분했을 때이다. 이는 신체에서 근육량을 키우기 위한 최적 상황이 근섬유가 피로할 때인 것과 비슷하다. 이와 유사한 방식으로, 더 많이 노출 기법을 반복하면 더욱 강해진다. 노출 기법은 편도체를 훈련하는 운동 시간을 확보하는 셈이다.

많은 증거에 따르면 불안을 만들어내는 두뇌 회로 변화에는 노출이 매우 효과적이라는 사실이 입증되었다. 그럼에도 고통을 주려고 설계된 상황(일부러 불안을 느끼게 하는 상황)에 자발적으로 들어간다는 것은 어려운 일이고, 때로는 불가능하게도 보인다. 끝까지 가겠다는 확신이 없으면 노출 기법을 시도하지 말아야 한다. 불안이 줄어들기 전에 노출 상황을 포기하면, 오히려 기존 불안을 더욱 강화하기 때문이다.

부정확하게 실행된 노출은 도리어 불안을 강화할 수 있기에 외부의 도움을 받을 필요가 있다. 이와 관련하여 노출 기법에 익숙한 불안 치료사에게 도움을 받을 것을 권한다. 또한, 노출을 언제 활용할지 혹은 전략적으로 활용하지 않을지 신중하게 선택해야 한다. 이것은 당신 삶에서 가장 중요한 양상을 통제하도록 돕는 도구이므로, 신중하게 활용해야 한다.

노출 기법은 일상생활에 중대한 영향을 미치는 불안만 공격 목표로 삼아야 한다. 굳이 공포 반응을 바꿀 필요가 없는데도 억지로 노출 기법을 사용할 필요는 없다. 가령, 뱀에 대한 두려움을 극복하지 않아도 일상생활에 아무 지장이 없다면 굳이 그 공포를 극복하려고 애쓸 필요가 없다.

노출 시에도 동일한 적응 과정이 일어난다. 그 상황에 계속 머무르면 편도체가 적응한다. 노출 연습을 하면서 불안감이 감소하는 것을 느낀다면 편도체가 주의를 기울이고 있고 치료 기법이 진전을 보이는 중이라는 신호다!

노출은 순간마다 끔찍한 고통을 안겨주지는 않는다. 특히 점진적 접근법을 선택했다면 고통 강도는 더욱 약해질 수 있다. 노출이 무척 힘겹다면, '비교적 빠르게 불안에서 탈출하는 방법은 이것밖에 없다'라는 식으로 생각하여 결의를 강화할 수 있다.

수영을 비유로 들어보자. 연못이나 호수에 발가락을 담그고 차가운 물에 움찔하고 놀란 적이 있는가? 더 멀리 물을 헤치고 들어가면서 배와 가슴에 물이 점차 닿으며 물의 차가움을 더 심하게 느낀다. 그러나 어느 정도 시간이 흐르면 몸이 적응하고, 오히려 물속에서 편안해진다.

우회로 형성을 돕는 약물

항불안제를 복용 중이라면 몇몇 약물이 노출 과정을 도와주긴 하지만, 편도체 학습을 더 어렵게 하는 약물도 있음을 명심하라. 바리움(디아제팜), 자낙스(알프라졸람), 아티반(로라제팜) 그리고 클로노핀(클로나제팜) 같은 벤조디아제핀계 약물은 노출 기법의 효과를 방해한다. 이런 약은 편도체를 안정시키는 효과가 있고 불안을 억제하는데 도움을 주긴 하지만, 우리가 경험하는 재설계 과정은 편도체를 활성화하고 새로운 학습을 발생시키고자 일부러 불안에 노출하는 것이기 때문이다.

하지만 벤조디아제핀계 약물을 투여한 뇌에서는 그런 효과가 발생할 가능성이 낮다. 실제로 벤조디아제핀 복용이 노출 기반 치료 기법의 효과를 감소시킨다는 것을 보여주는 연구도 있다(애디스 등 2006). 또한, 다양한 연구들은 노출 기반 치료로 가장 혜택을 본 사람들이 벤조디아제핀을 복용하지 않았다는 사실을 발견했다(예로 아메드, 웨스트라, 스튜어트 2008).

반면 노출 과정을 돕는 약물도 있다. 가령 선택적 세로토닌 재흡수 저해제(SSRI)나 세로토닌 노르에피네프린 재흡수 저해제(SNRI)가 여기에 포함된다. SSRI는 졸로푸트(세르트랄린), 프로작(플루옥세틴), 셀렉사(시탈로프람), 렉사프로(에스시탈로프람) 그리고 팍실(파록세틴) 같은 약물들이다. SNRI는 이펙사(벤라팍신), 프리스틱(데스벤라팍신), 심발타(둘록세틴) 같은 약물들을 포함한다. SSRI와 SNRI가 신경세포에서 성장과 변화를 촉진한다는 것을 보여주는 연구 결과도 있다(몰렌다이크 등 2011). 따라서 이런 약을 복용하면 두뇌 회로가 의도적 경험으로 수정될 가능성이 더욱 높아진다.

불안할 땐 뇌과학

새로운 연결망 강화

신경 회로의 새 연결망을 가장 효과적으로 만들려면, 먼저 불안을 유발하는 트리거에 많이 노출되어야 한다. 기억할 점은 새 연결 관계를 수립하려면 먼저 공포 회로를 활성화해야 한다는 것이다. 반복된 노출은 새 연결 관계를 형성할 뿐만 아니라 기존에 외측핵에 의해 확립된 공포 회로를 우회하는 새 회로를 강화한다. 예를 들어 엘리베이터 공포를 극복하려면 여러 환경 아래에서 다양한 엘리베이터를 타면서 의도적으로 그 불안에 노출되어야 가장 효과적이다.

물론 이러한 노출을 감행하는 동안에 당신의 경험은 중립적이거나 긍정적인 것이 되어야 한다. 예전에 느꼈던 두려움을 떠올리면서도 막상 엘리베이터를 타보니 특별한 일도, 어려운 일도 아니라는 것을 확인해야 한다.

이렇게 말한다고 노출 기법을 실천하면 곧바로 불안에서 벗어날 수 있다는 뜻은 아니다. 용기란 아무런 공포도 없는 상태를 의미하는 것은 아니기 때문이다. 어떤 공포에도 불구하고 행동에 나서는 것이 참된 용기다. 불안을 더 경험하면서, 기존의 공포가 줄어들 정도로 오래 불안한 상황에 머물며 버틸수록 새로운 두뇌 회로는 더 단단하게 구축될 것이다.

노출 훈련, 이렇게 설계하라

7장에서 당신은 불안 유발 상황을 정리하고 이것을 표로 작성하는 법을 배웠다. 기록표에서 한 가지 상황을 선택하여 시작하고,

7장 끝부분에서 논했던 우선순위 선택 시 고려 사항을 유념해야 한다(목표 성취를 막는 상황, 큰 고통을 일으키는 상황 혹은 자주 직면하는 상황을 선택하라). 이런 상황에서 불안을 일으키는 트리거를 검토하는 것부터 시작하라. 다시 언급하지만, 이 치료 과정에서 노출 기반 치료를 이해하고 지원과 안내를 제공할 수 있는 의사나 치료사와 함께할 것을 권한다.

집중하고 싶은 상황을 선택했다면 완만한 체계적 둔감화를 선호하는지 아니면 자극 흠뻑 젖기에 뛰어들고 싶은지 결정하라. 전자는 점진적인 방식으로 노출 과정을 착실히 훈련하는 것이며, 시간을 두고 가장 힘든 상황을 극복하려는 방법이다. 후자는 가장 힘든 몇몇 상황에 곧바로 뛰어들어 극심한 과정을 헤쳐나가려는 것이다. 비록 후자(자극 흠뻑 젖기)의 효과가 더 빠르긴 해도, 두 방법 모두 결국에는 효과가 있다.

이번 장에서 우리는 체계적 둔감화를 중심으로 안내할 것이며, 그 과정을 여러 단계로 분해한다. 하지만 가장 힘겨운 몇몇 상황에서는 곧바로 뛰어드는 자극 흠뻑 젖기 방법을 쓸 수도 있다.

노출 난도 파악하기

노출 난도는 특정 상황에서 새로운 반응을 학습하기 위해 연속적으로 마주치는 불안 강도를 순서상으로 적어놓은 리스트다. 이 난도를 참고하면서, 특정 불안 유발 상황을 더 작은 요소로 세분하고 불안을 가장 적게 일으키는 것으로 시작하여 결국 힘겨운 것으로 계속 이동해 간다.

쇼핑몰에서 물건을 사는 것을 두려워하는 어떤 여성의 사례를 들어보자. 먼저, 스트레스 유발 행동들을 알려달라고 했더니 "사람이 북적거리는 가게로 들어가 물건 살 때까지 줄 서는 일"이라고 응답했다. 그런 다음, 일정한 불안을 유발하지만 그래도 시도할 수는 있는 행동을 말해달라고 요청한다. 그녀는 "주차장에 들어가 주차할 곳을 찾는 것은 할 수 있어요"라고 대답한다. 이런 식으로 노출 난도를 작성하기 위해 우리는 이 둘을 양극단으로 활용하여 그 사이에 여러 중간 단계를 채운다. 이어 그녀에게 양극단 사이에서 불안을 일으키는 최소 다섯 개 이상의 관련 행동을 제시해달라고 요청한다.

이렇게 해서 확인한 불안 목록은 대강 다음과 같다.

- 구매 상품 선택하기
- 상품을 들고 구매할지 생각하기
- 차에서 내려 쇼핑몰 입구까지 걸어가기
- 점원에게 상품에 관해 질문하기
- 도와주는 친구와 함께 쇼핑몰 돌아다니기
- (불안으로 인해) 공공장소에서 메스꺼움 느끼기
- 홀로 쇼핑몰 돌아다니기
- 사람들로 북적일 때 홀로 쇼핑몰 돌아다니기

다음으로 가장 적게 불안을 일으키는 행동부터 가장 크게 불안한 행동까지, 양극단 사이에 정리하여 난도 순으로 배치해달라고 요청한다. 1에서 100까지의 불안 수준 등급을 설정하면 불안 수준이 각 단계별로 증가하는 것을 보여줄 수 있다. 때때로 해야 할 일의 강도가 달라지기도 한다.

그러면 이제 가장 불안을 덜 일으키는 항목부터 가장 불안하게 하는 항목으로 나아가면서 연습한다.

다음은 쇼핑에 불안을 느끼는 쇼핑객의 노출 난도 리스트이다. 행동의 각 단계는 불안 크기에 따라 단계별로 되어 있다. 리스트 상에서 분명하게 드러나듯, 이 여성은 단계 4와 5 사이에서 불안 강도가 크게 증가한다.

단계 번호	행동이나 상황 묘사	불안 수준(1~100)
1	주차장으로 들어가 주차할 곳 찾기	15
2	차에서 내려 쇼핑몰 입구로 걸어가기	15
3	도와주는 친구와 함께 쇼핑몰 돌아다니기	20
4	홀로 쇼핑몰 돌아다니기	30
5	공공장소에서 메스꺼움이 느껴진다	50
6	사람들로 북적일 때 홀로 쇼핑몰 돌아다니기	60
7	구매 상품 선택하기	70
8	상품을 들고 구매할지 생각하기	75
9	점원에게 상품에 관해 질문하기	80
10	구매할 때까지 줄에 서 있기	90

이 불안한 쇼핑객은 그저 쇼핑몰을 돌아다녀야 하는 것보다 뭔가를 구매해야 하는 것에 더 많은 불안을 느낀다. 상황에 따라 트리

거는 달라질 수 있는데, 가령 군중 속에 있거나 마트 점원에게 질문하는 것 같은 행동이다. 이렇게 각 단계에서 경험할 수 있는 불안 수준에 등급을 매기는 일을 통해 난도의 순서대로 배치한다.

자신을 일부러 불안에 노출하는 것은 쉬운 일이 아니다. 다시 말하지만 가능하다면 외부의 도움을 받아야 한다. 그러니까 노출 치료를 전공했고, 그 과정을 원만하게 통과하도록 당신을 격려하고 안내할 치료사를 찾아 함께해야 한다. 불안 치료사는 여러 단계를 거치게끔 도와줄 뿐만 아니라, 불안으로 인해 발생하는 신체 감각, 즉 가슴 두근거림, 옅은 호흡, 어지러움 등을 진정시키는 일도 한다. 치료사의 도움 목록에는 신체 내부 감각 노출(interoceptive exposure)이 포함되고, 이를 위해 가령 정력적인 활동, 의도적 과호흡, 빨대를 쓰는 호흡, 의자에 앉은 채 회전하기 등의 방법을 활용하는데, 불안 환자가 불안에 따른 신체 증상에 더 익숙해지게 하는 데 목적을 둔다.

강박증으로 고생하고 있다면 노출 난도 목록이 그런 충동에 저항하는 법을 배우게 한다. 먼저 충동적 행동을 일으키는 여러 상황에 대한 리스트를 작성한 다음, 그런 충동 행동을 하지 않으면서도 그 상황에 일부러 자신을 노출하는 것이다.

사례56

당신은 통조림 제품을 만지면 반드시 손을 씻는 충동적 행동을 하는 버릇이 있다. 이때 일부러 불안을 유도하기 위해 통조림 제품을 만지기는 하지만, 손 씻는 충동적 행동은 하지 않는 것을 훈련한다. 그러니까 불안 결과로 나타나는 충동 행동인 손 씻는 일을 하지 않으면서도 통조림 제품을 반복하여 만지면서 의도적으로 불안을 유발해 불안에 저항하는 힘을 기르는 것이다. 이러한 과정을 가리켜 반응 방지 노출(exposure with response prevention)이라고 한다.

노출 훈련의 유의점

불안의 난도를 작성했다면 이 훈련의 일차 목적은 불안이 사라지거나 충동이 감소할 때까지 그 불안 상황에 계속 머무르며 각 단계를 완수하는 데 있음을 잊지 말라. 각 활동 중에 자연스럽게 느끼게 될 불안에 대처하려면 6장의 심호흡이나 다른 완화 기법들을 활용할 것을 권한다. 신경 회로 재설계를 위해 처음부터 높은 수준의 불안을 경험할 필요는 없지만, 노출 훈련 중 불안감이 강하면 변화 과정이 빨라질 수 있다. 다시 한번 말하지만 불안을 상대로 하지 않고는 불안을 없애거나 줄일 방법이 없다(케이힐, 프랭클린, 피니 2006).

노출 훈련 중에, 불안하다고 참고 견디는 상황에서 벗어나선 안 된다. 그렇게 하면 기존의 공포 회로만 강화될 뿐이다. 불안감이 절반으로 줄어들 때까지, 가급적 절반으로 줄어들 때까지 그 상황에 머물러야 한다. 달리 말해 1부터 100까지의 척도에서 80으로 평가했다면, 불안감이 40 이하로 줄어들 때까지 그 상황을 떠나지 말라. (편도체에 새로운 정보가 등록되어 평온해질 때 비로소 그런 불안 감소를 느낄 수 있다.) 당신의 편도체는 그 상황이 안전하며 도망칠 필요가 없다는 것을 체감해야 한다. 편도체는 경험을 통해서만 학습하기 때문에 이 점은 반드시 알려주어야 한다는 점을 기억하라.

편도체에서 변화가 일어나려면 각 불안 단계에 반복적으로 노출되어야 한다. 일반적으로 특정 단계를 반복할 때마다 이전 단계보다 쉬워지지만, 때로는 효과 면에서 기복이 있을 수 있다. 난도 리스트에서 가장 어려운 항목을 극복하고 목표를 달성했다면(가령 쇼핑몰에 아무런 어려움 없이 가는 것), 다른 두려운 상황을 선택하여 같은 방식으로 접근하면 된다.

불안 때문에 생활 범위가 제한될수록, 더 많이 더 자주 노출을 연습하여 생활의 통제권을 찾아와야 한다. 또한, 실행에 앞서 미리 계획을 세워야 한다. 노출 일정을 정하고 반복할 계획을 세우지 않으면 뇌의 회로는 전과 동일한 상태로 유지되므로 불안감을 줄일 수 없다.

마지막으로, 단계를 극복할 때마다 스스로에게 보상을 주는 것이 좋다. 그런 힘겨운 훈련을 완수한 것에 대한 보상을 받을 자격이 있다!

노출 훈련 과정 중에 각 단계의 노출 시간 동안에 머릿속에서 떠오르는 생각을 신중하게 관찰하라. 피질이 문제를 키우는 일에 관여하거나 불안을 일으키는 생각을 떠올리게 함으로써 불필요하게 불안을 키우지 않도록 하기 위함이다. 대뇌 피질의 생각으로 불안을 악화시키지 않고, 편도체에 기반한 불안을 줄이려는 것이 지금 훈련의 목적이기 때문이다. 현재 훈련하는 단계에만 집중하고, 더 높은 단계의 다른 상황을 미리 예상하지는 말라.

노출 훈련 시 허용해서는 안 될 몇 가지 상황이 있다. 거듭 말하지만, 공포가 크다고 훈련 상황을 중도 포기해서는 안 된다. 도망쳤다가 안도감을 느끼면 편도체에 탈출이 정답이라고 가르치는 꼴이 된다. 편도체가 다시 도망치도록 그대로 둔다면 앞으로 불안감이 더 커질 뿐이므로 도망치고 싶은 충동을 참아내라. 도망치고 싶은 행동을 계속 억제하면서, 불안이 멋대로 당신을 통제하도록 내버려두지 마라.

이미 언급했듯, 피질이 공포를 유발하는 생각을 하지 못하도록 감시하는 것도 중요하다. 그렇지 않으면 피질은 부정적인 생각을 하면서 상황을 악화시킬 수 있다. 자기 패배적이거나 불안을 일으키는 생각이 머릿속에 떠오른다면 아래와 같은 유용한 생각으로 대체해보라.

- 두려움이 커지겠지만, 어떻게든 헤쳐나갈 수 있어.
- 이 상황에 집중하자. 내가 반드시 해내야 하는 일이야.
- 계속 숨을 쉬자. 이건 오래 가지 않을 거야.
- 근육을 이완하자. 긴장을 풀자고.
- 두려움 회로를 활성화하는 중이야. 내가 통제하고 있다고.
- 공포가 줄어들 때까지 기다리자. 기다리면 줄어들 거야.
- 새 회로를 구축하려면 활성화해야 해.

마지막으로 훈련 이외에 다른 안전 추구 행동을 해선 안 된다. 즉, 다음과 같은 행동들이다. 이는 당신이 겪은 고생을 전부 헛것으로 만들 수 있다.

- 추가 약물을 확보하여 긴급 상황에 대비하기
- 모든 단계에서 안전감을 주는 사람과 함께하기

불안할 땐 뇌과학

- 상징물 지참하기
- 마음을 안심시키는 물건 가지고 다니기
- 선글라스 쓰기
- 특정 위치나 친근한 장소에 앉기
- 휴대전화로 길게 대화하기
- 출구나 화장실 근처에 서성거리기

이러한 안전 추구 행동을 하면, 노출 훈련은 부분적인 효과만 낼 뿐이고, 당신이 추구하는 뇌의 변화는 나타나지 않는다. 몇몇 단계에서 불안을 이기지 못하고 그런 행동을 했다면 노출의 그다음 단계에서는 그렇게 하지 않도록 유의하라. 이렇게 견뎌야만 당신의 노력이 효과를 발휘한다.

요약: 오직 경험을 통해서만 편도체는 배운다

이 장에서는 어떤 트리거가 존재할 때 편도체를 활성화하여 그것을 재설계하는 법을 배웠다. 점진적인 방식으로 편도체를 트리거에 노출하기 위한 활용법을 배웠다.

노출 치료의 가장 중요한 요소는 연습, 연습, 연습이다. 편도체는 오직 경험을 통해서만 학습한다. 때로 짜증 나고 심지어 좌절감이 들기도 할 것이다. 하지만 정말 불안을 극복하려면 이런 힘겨운 예비 과정을 반드시 겪어야 한다. 기억할 점은 이 훈련이 "고통 없이 소득 없다" 상황이라는 것이다. 수많은 윗몸 일으키기가 있어야만 복근이 생기는 것처럼, 공포 반응을 바꾸려면 두려운 상황을 마주하고 한 번에 한 단계씩 정복해 나가야 한다. 우회로가 생길 정도로 자주 사용하는 것이 불안감에서 지속적으로 벗어날 수 있는 가장 좋은 방법이다. 두려움에 도전하고 편도체에 새로운 반응을 가르치는 일에 시간과 노력, 용기를 기꺼이 투자한다면 편도체는 변화할 수 있고, 실제로도 변화한다.

제9장

모든 의사와 뇌 과학자가
운동과 잠을 권하는 이유

여러 신경 이미지 연구와 신경 생리학 실험은 편도체가 운동과 수면으로부터 강한 영향을 받는다는 것을 보여줬다. 운동은 놀랍게도 편도체에 강력한 영향을 미치며, 그 효과는 다수의 항불안제 약물 사용을 능가한다. 수면 역시 강한 영향력이 있으며, 따라서 수면 부족은 불안을 더 고조하는 원인이다.

이번 장은 일상생활에서 여러 특정한 변화를 가져오는 다양한 방법을 다룬다. 이 방법들은 편도체 기반 불안을 억제하고, 스트레스 수준도 줄이면서 전반적으로 심리적 건강 상태를 높인다.

단기간의 유산소 운동은 근육 긴장 완화에 무척 효과적이다. 불안을 느낄 때 들판을 달리거나 힘차게 걸으면 불안 억제를 위해 준비된 근육을 많이 활용하게 된다. 이렇게 하여 아드레날린 수준을 낮추고 스트레스 반응에 의해 혈류에 방출된 포도당을 소모한다. 약간 숨이 가쁠 정도로 운동하고 나면 상당히 오래 지속하는 근육 이완을 느낄 수 있을 것이다. 6장에서 배웠듯 근육 이완은 불안을 줄인다. 이하에서 우리는 운동이 왜 불안을 진정시키는 좋은 계획인지 밝히고, 그것이 신체와 뇌에 작용하는 몇 가지 영향을 검토할 예정이다.

불안해지면 몸을 움직여야 하는 이유

교감 신경계의 불안 자극 반응을 덜어주는 신체 운동 유형은 유산소 운동으로, 적당한 강도로 리듬감 있게 움직이면서 큰 근육을 많이 활용한다. 유산소 운동의 일반적인 형태에는 달리기, 걷기, 자전거 타기, 수영, 춤 등이 있다.

여기 더해 규칙적인 운동 프로그램은 전반적으로 교감 신경계 활성화를 억제하며(림멜레 등 2007), 구체적으로 혈압(패거드 2006)과 심박수(시오타니 등 2009) 등 교감 신경계의 영향을 줄인다. 이것은 활성화된 편도체의 여러 증상을 억제하는 데도 도움을 준다. 물론 이외에도 운동은 신체에 많은 혜택을 준다. 예를 들어 유산소 운동은 대사율과 활력 수준을 증대시킨다. 따라서 불안에 대처하기 위해 운동을 활용하면서 여러 추가 혜택도 얻게 된다.

정기적으로 운동을 하지 않다가 이제 운동을 시작하려 한다면 갑작스러운 신체 활동에 수반되는 위험을 고려해야 한다. 활동 수준을 한꺼번에 많이 올리지 말고 점진적으로 올려야 한다. 조깅 같은 몇 가지 유형은 다양한 부상으로 이어질 수 있으므로 조심해야 한다. 하지만 과거에 운동을 하지 않았다고 해서 좌절할 필요는 없다. 걷기

불안할 땐 뇌과학

같은 단순한 유형의 운동은 누구나 큰 어려움 없이 시작할 수 있기 때문이다.

약보다 더 빠른 효과

불안을 줄이는 전략으로 운동을 적극 권하는 이유는 누구나 확실한 효과를 경험하기 때문이다. 유산소 운동이 불안을 감소시키는 것을 입증한 다양한 연구가 있다(콘 2010, 드보어 등 2012). 고작 20분 운동했는데도 불안 감소는 눈에 띌 정도였다(존스가드 2004). 대다수 약물이 효과를 발휘하는 시간보다 더 빠르게 효과가 나타난 것이다. 불안 감소 효과는 높은 수준의 불안을 겪는 사람들에게 가장 컸다(헤일, 래글린 2002). 게다가 운동은 심박수가 늘거나 숨 차는 등의 불안 증상이 있는 사람에게 더 유익한데, 운동이 그런 감각과 관련되기 때문이다. 따라서 운동은 불안을 느끼는 사람들에게 노출 치료의 한 형태로 사용된다(브로먼-폴크스, 스토리 2008).

보통 운동은 최소 1시간 반 이후 근육 긴장 감소가 나타나고, 불안 감소 효과는 네 시간에서 여섯 시간 지속된다(크로커, 그로젤 1991). 20분의 지속적인 운동이 몇 시간의 긴장과 불안 완화라는 결과를 낳으므로 그 효과는 실로 명백하다.

실제로 어떤 특정 사건이나 시간대(가령 오전 혹은 오후)에 당신의 불안이 증대할 것으로 예측되어 그 시간에 신중하게 운동 계획을 세운다면 그런 불안을 덜 느끼면서 운동을 시작할 수 있다. 이것은 신경안정제를 복용하지 않고도 약이 가져다주는 진정한 효과를 얻을 수 있다는 얘기다.

17세 소녀 앨리의 사례를 보자. 그녀는 집에서 곧 있을 가족 모임을 생각하면 불안을 느꼈다. 사교 불안으로 그녀가 겪는 어려움은 가족 모임을 악몽처럼 보이게 했고, 자신은 마치 덫에 빠진 느낌이 들었다. 가족 모임 중에 공황을 느낀다면 달리기를 한번 시작해보라고 불안 치료사가 제안했을 때 앨리는 문자 그대로 눈알을 부라리며 화를 냈다. 하지만 가족 모임이 있던 날 그녀는 달리기를 시도했고, 이런 말을 남겼다. "저의 편도체는 제가 위험을 피했다고 생각했는지 평온해졌어요. 그곳에서 빠져나오고 싶다는 생각이 거의 전부였지만요!"

인근 지역을 짧은 시간 달린 뒤에 그녀는 안도감을 느끼며 집으로 돌아왔고, 본인도 그런 편안한 기분에 깜짝 놀랐다. 불안한 느낌 없이 이모, 삼촌과 이야기를 나눌 수 있었다. 앨리는 그날 이후로 불안을 줄이는 운동의 혜택을 확실히 믿게 되었다.

운동은 그저 순간적으로 혹은 그 이후 몇 시간 동안만 불안을 줄여주는 게 아니다. 최소 10주 동안 영향을 미치며, 정기적인 운동 프로그램을 이행하면 전반적인 불안 수준이 크게 내려간다는 연구 결과가 있다(페트루젤로 등 1991).

운동이 뇌에 미치는 영향

운동이 불안을 줄인다는 연구 결과가 나오자, 그 이후 뇌에서 어떤 일이 벌어져서 그런 결과가 나오게 되는지 살피는 연구가 진행되었다. 과격한 운동을 시작해 일정한 문턱을 넘어서면 생기는 도취감,

즉 러너스 하이(runner's high)에 대해 들어보았을 것이다. 장기간에 걸친 혹은 격렬한 유산소 운동은 혈류에 엔도르핀을 분비시키고, 이런 신경 전달 물질이 기분을 좋게 한다고 판명되었다(앤더슨, 시바쿠마 2013). "엔도르핀"[11]은 "내인성(內因性) 모르핀"을 줄인 명칭으로 "신체에서 자연적으로 생산되는 모르핀 같은 물질"이라는 의미다. 이러한 말뜻처럼 이 화합물은 통증을 줄이고 뇌에 미치는 영향을 통해 기분 좋은 행복감을 낳는다.

여러 동물 연구는 운동 이후 뇌에서 어떤 일이 벌어지는지를 밝혀냈다. 실험용 쥐에게 바퀴를 자유로이 쓰도록 했을 때 쥐들은 그것을 적극 활용했다. 한술 더 떠서 뇌에서는 엔도르핀 분비 수준이 증가했고, 이후 오랜 시간 기분 좋은 상태로 남아 있었는데 96시간 정도가 지난 뒤에야 예전 수준으로 되돌아왔다(호프만 1997). 이 결과는 뇌에 미치는 운동의 영향력이 운동을 한 시간보다 훨씬 더 오래 지속되고, 실제로는 며칠이나 간다는 것을 다시 한번 보여준다. 운동하면 그날 당일만 엔도르핀 수준이 올라가는 것이 아니라, 그 후로도 며칠 간 계속 좋은 기분을 유지하는 것이다.

운동이 편도체에 미치는 영향

바퀴에서 달리는 쥐에 관한 추가적인 연구는 운동이 편도체의 화학적 성질을 변화시킨다는 것을 보여주었다. 그러니까 신경 전달 물질인 노르에피네프린(던 등 1996)과 세로토닌(비퀘트 등 2001)의 수

---

11 영어로는 endorphin이며, endogenous(안에서 생기는)와 morphin(모르핀)을 결합한 단어다.

준 변화가 감지된다는 것이다. 운동은 편도체 외측핵에서 다수 발견되는 '특정 세로토닌 수용기' 부류에 영향을 미치는 것으로 보인다(그린우드 등 2012). 정기적인 운동은 이런 수용기의 활동을 억제하는 것으로 보이며, 그로 인해 편도체는 불안 반응을 일으킬 가능성이 적은 평온한 상태를 유지한다(하이슬러 등 2007). 정기적인 운동이 편도체에 미치는 이러한 진정 효과는 쥐뿐만이 아니라 인간에서도 발견된다(브룩스 등 2001).

운동이 뇌의 다른 부분에 미치는 영향

운동이 설치류의 뇌세포 증가를 촉진한다는 사실을 처음 발견했을 때 과학자들은 놀라움을 금치 못했다. 20년 전만 해도 뇌에서 새 세포가 성장하는 것은 불가능한 일로 생각했다. 이제 연구자들은 정기적으로 바퀴에서 달리는 것만으로도 쥐에게는 특정 신경 전달 물질 수준이 증가하고, 새로운 세포 성장이 촉진된다는 것을 밝혀냈다(드보어 등 2012). 연구는 또한, 운동이 인간 뇌에서 세포 성장을 자극하는 요소를 촉진하고(슈몰스키, 웹, 핸슨 2013), 변화하려는 뇌의 능력(신경 유연성)을 강화한다는 것을 확인했다. 과학자들은 그저 운동하는 것만으로 그런 일이 일어난다는 것을 알아냈다.

운동은 편도체는 물론이고 피질에도 영향을 미친다. 엔도르핀은 피질에 영향을 미치고, 뇌의 다양한 부분에 영향을 미치는 여러 신경 전달 물질의 수준을 변화시킨다. 운동은 또한 뇌, 특히 피질과 해마에서 뉴런 성장을 촉진하는 단백질(뇌 유도 신경 자극 인자)을 생산한다. 추가로 뇌 행동에 관한 여러 신경 이미지 연구는 운동이 피질 특정 부분의 활성화를 수정한다는 것을 보여주었다. 예를 들어 러닝

머신에서 30분 동안 달린 남성은 우측에 비해 좌측 전두피질이 평소보다 더 활발하게 활성화되었다(페트루젤로, 랜더스 1994). 좌측 전두피질 활성화는 더 긍정적인 기분을 불러일으키는데, 이는 운동이 더 긍정적인 기분을 낳는 방식으로 피질을 자극한다는 것을 시사한다. 이런 긍정적인 기분의 증대는 불안 감소에 큰 도움을 준다.

적합한 운동 유형 선택하기

신체적·정신적으로 자신에게 가장 적합한 운동 유형은 다음 네 가지 기준을 충족해야 한다.

- 하는 게 즐겁다.
- 계속 하려고 한다.
- 강도가 적당하다.
- 의사가 승인했다.

즉, 한두 가지 유형을 선택하여 일주일에 3번 이상 매번 30분씩 해야 한다. 어떤 운동을 선택하든 심장을 뛰게 하고 혈액을 빨리 흐르게 하면 많은 이득이 있다. 기분이 좋아지고 전반적인 스트레스 수준이 내려간다면 운동 프로그램을 지속할 수 있다.

훈련 | 현재의 운동 활력 수준 확인하기

이 간단한 점검은 당신이 현재 하는 운동의 패턴을 평가하고, 정기적이고 장기적으로 신체 활동에 전념하는 데 도움을 줄 것이다. 어느 정도 시간을 두고 다음의 질문을 생각해보자.

- 매주 얼마나 자주 운동하고, 얼마나 지속하는가?
- 어떤 부류의 운동이 가장 마음에 드는가?
- 운동 이후 불안감이 감소되는가?
- 현재 정기적으로 운동하지 않고 있다면, 불안을 생성하는 교감 신경계 활성화를 억제하는 운동 프로그램을 시도해보겠는가?

잠은 나에게 매일 줄 수 있는 최고의 선물이다

사람들은 수면 중에는 뇌가 쉬는 것으로 생각하지만 실제로 수면 중에도 뇌는 매우 활동적으로 움직인다. 심장이나 면역 체계와 마찬가지로 뇌는 잠자는 동안에도 계속 작동하며, 실제로 특정 수면 시간 동안에는 깨어 있을 때보다 더 활발하게 활동한다(데멘트 1992). 잠자는 동안 뇌는 호르몬을 분비하고, 필요한 신경 화학 물질을 생성하며, 기억을 저장하며 바쁘게 움직인다.

하지만 편안하고 질 높은 수면은 불안과 씨름하는 사람들에게는 좀처럼 풀기 어려운 까다로운 문제다. 불안이 수면을 방해하는 것은 편도체의 영향 때문이다. 편도체는 교감 신경계 활성화를 촉진함으로써 경계 심리를 발동·강화하여 숙면을 방해한다. 그리고 피질에서 발생한 근심 걱정도 편도체의 교감 신경계를 활성화하는 고통스러운 생각을 불러일으켜 문제를 더욱 악화한다. 그렇게 해서 수면이 부족하면 편도체가 더 불안하게 반응하기 쉽기 때문에, 숙면을 위한 조치를 취하지 않으면 불안은 더욱 심해진다.

불안할 땐 뇌과학

침대에 들었는데도 잠드는 게 쉽지 않거나, 기상 시간보다 더 일찍 일어났지만 다시 잠들지 못한다면, 지금부터 하는 이야기를 더욱 유심히 들어보라.

많은 사람은 잠 못 이루는 밤이 건강과 뇌(구체적으로 편도체)에 해로운 영향을 미친다는 것을 모른다. 신체적으로 피곤한 느낌이 없다고 해서 충분히 잤다고 여기면 안 된다. 수면 부족 상태에서도 각성 상태가 유지되거나 자극적인 상황에서도 활력이 넘칠 수 있다. 불안한 사람들은 흔히 교감 신경계가 항진된 상태로 기민한 모습을 보이기 때문에 졸음을 느끼지 못해 수면 부족이 아니라고 생각할 수 있다. 실제로는 잠이 부족한데도 그것을 인식하지 못하는 것이다. 수면 부족은 불안감이나 짜증 증가, 집중력 저하, 동기 부여 부족 등 다양한 형태로 나타날 수 있다.

훈련　나는 수면 장애를 겪고 있는가?

아래 서술문을 다 읽고 해당하는 것을 체크하라.

- ☐ 나는 보통 제대로 잠들지 못하고 침대에 누워도 잠드는 게 어렵다.

- ☐ 나는 잠드는 데 도움을 받기 위해 약물이나 술을 사용한다.

- ☐ 나는 잠드는 데 완전한 정적이 필요하다. 조금이라도 소음이 있으면 안정을 얻지 못한다.

- ☐ 나는 잠드는 데 보통 20분 이상 걸린다.

- ☐ 나는 자주 나른한 기분이 들고, 낮에 졸리거나 선잠을 잔다.

□ 나는 일정한 시간에 취침하거나 기상하지 않는다.

□ 나는 너무 일찍 깨고, 일단 깨면 다시 잠들지 못한다.

□ 나는 깊이 잠들지 못한다. 그래서 푹 쉴 수가 없다.

□ 나는 아침에 자리에서 일어나면 개운하다는 기분이 들지 않는다.

□ 나는 밤에 어떻게든 잠들려고 애쓰면서 설치는 게 너무 싫고 두렵다.

□ 나는 수면 부족에 시달리는 때가 많지만 어떻게든 일과를 소화하려고 카페인에 많이 의존한다.

위 항목에 더 많이 해당할수록 수면 장애일 가능성이 높다. 수면 부족은 필요한 만큼 수면을 취하지 못하고 깨어 있는 시간이 누적될 때 발생한다. 대다수 성인은 하룻밤에 7~9시간 수면을 취해야 한다. 그리고 1시간 정도 부족하면 사라지지 않고 누적된다. 특정한 날에 몰아서 충분히 잤더라도 누적된 수면 부족 시간 때문에 다음 날 여전히 졸리거나 짜증이 날 수 있다.

왜 꿈을 많이 꾸면 더 피곤할까?

수면 부족은 뇌에 해로운 영향을 미친다. 충분히 수면을 취하지 못한 사람들은 정신 집중에 어려움을 느끼고, 기억에 문제가 생기고, 전반적으로 건강 상태가 나빠진다. 연구에 따르면 편도체는 뇌의 다른 부위보다 수면 부족에 대해 더 부정적으로 반응하는 것으로 나타났다.

한 연구에서는 사람들을 두 집단으로 나눈 뒤 한쪽은 하룻밤 동안 아예 잠을 못 자게 했고, 다른 쪽은 평상시처럼 수면을 취하도록 했다. 이어 오후 5시경에 모든 사람이 실험실에 와서 긍정, 부정적 내용을 포함한 다양한 이미지를 봤고, 그러는 사이 과학자들은 기능적 자기 공명 기록법(MRI)을 활용하여 그들의 편도체가 어떻게 반응하는지 관찰했다. 대략 35시간 잠이 부족한 사람들은 부정적인 이미지에 더 잘 반응하여 그렇지 않은 사람들보다 약 60퍼센트 더 편도체가 활성화되었다(유 등 2007).

따라서 잠을 자지 않고 버티면 편도체가 더 예민해지고, 불안 혹은 분노나 성마름 같은 부정적인 감정을 경험할 가능성이 높아진다.

우리는 잠자고 있을 때, 특정 패턴을 보이는 여러 수면 단계를 거쳐 간다. 반복적인 방식으로 이런 여러 단계를 순환하며, 보통 하룻밤 동안에 여러 차례 급속 안구 운동(REM: Rapid Eye Movement, 눈동자가 빠르게 돌아가는 상태) 수면이 발생한다. 렘 수면은 활발하게 꿈을 꾸는 단계다. 또한, 이 단계에서 여러 기억이 더욱 단단히 결속하며, 신경 전달 물질이 보충된다. 연구자들은 렘 수면이 늘어나는 것과 편도체의 반응이 줄어드는 것이 서로 관련 있음을 발견했다(판 데르 헬름 등 2011). 이는 충분한 수면, 그중에서도 충분한 렘 수면을 취하는 것이 편도체를 진정시킨다는 의미다. 따라서 전혀 꿈을 꾸지 않고 잘 잤다는 것은 사실이 아니며, 실은 활발하게 꿈을 꾸면서 잤는데, 수면의 질이 너무 좋아 각성 후에 당사자가 그 사실을 깨닫지 못하는 것에 불과하다.

지금은 건전한 수면 상태에 대해 알아보는 중이므로, 무엇보다도 램 수면이 언제 발생하는지 이해하는 것이 중요하다. 램 수면은 수면 주기에서 늦게 나타나고, 램 수면 단계는 전반적인 수면 시간 말미에 더욱 빈번하게 나타난다.

많은 사람이 이런 램 수면 단계로 들어서려면 긴 수면 시간이 필요하다는 것을 잘 모른다. 따라서 네 시간 자고 한 시간 깬 뒤 다시 네 시간을 자는 것은 여덟 시간을 통으로 쭉 자는 것과 같지 않다. 고작 30분을 깨어 있다가 다시 자더라도 수면 주기는 처음부터 다시 시작되고, 따라서 전체 수면 시간을 완수하려면 더 많은 시간을 자야 한다. 영화 관람에 비유해보면 더 이해가 빠를 것이다. 중간에 잠에서 깨는 것은 보던 영화를 중간에 끊고서 잠시 뒤 중단했던 부분부터 다시 보는 것과는 다르다. 다시 잠드는 문제는 오히려 영화 전체를 처음부터 다시 봐야 하는 것과 같다.

숙면을 위한 10가지 습관

인생의 특정 단계를 지나면서 사람들은 어쩔 수 없이 수면 부족에 시달리기도 하는데, 가령 학업에 열중해야 하는 중·고등학교 학창 시절이나 결혼하여 아이를 낳은 후 처음 몇 달이 그렇다.

이런 수면 장애에 대응하려 할 때 어떤 접근법이 도움 되는지, 무엇이 실제로 문제를 악화하는지 알아두면 유익하다.

수면 개선을 위한 최고 접근법은, 당신의 수면 패턴을 자세히 살피면서 그것을 자기만의 건강 패턴으로 만드는 것이다. 다음의 수면 습관은 당신이 숙면을 취하는 데 도움을 준다.

- 침대에 눕기 전에 마음을 느긋하게 하는 일련의 의식(리추얼)을 실시하라.
- 잠자리에 들기 적어도 한 시간 전에는 빛의 자극에 과도하게 노출되지 않도록 하라.
- 취침 시간이 가까워지면 자극적인 생각을 느긋한 생각으로 대체하라.
- 취침 시간에 걱정이 머리를 떠나지 않는다면 몰아서 걱정하는 시간을 낮 시간에 잡아두라.
- 일정한 취침 시간과 기상 시간을 정해두라.
- 수면 환경을 잠들기 좋게 만들어라.
- 늦은 오후와 저녁이 되면 카페인, 술, 매운 음식을 피하라.
- 수면을 준비할 때 이완 호흡 기법을 활용하라.
- 침대에서 30분을 누워 있어도 잠이 안 오면 아예 일어나서, 책을 읽는 등 마음을 느긋하게 먹고 시간을 보내라.
- 수면 보조제 복용을 피하라.

요약: 잠은 인생의 사치가 아니다

많은 사람이 수면에 대해 필요하면 거를 수도 있는 사치스러운 것으로 여긴다. 그러나 불안을 진정시키려 하는 사람이라면 수면을 방해하는 내외부 영향을 되도록 최소화해야 한다. 정기적인 유산소 운동, 특히 근육 집단을 두루 활용하는 운동을 한다면 편도체와 피질 양쪽에 긍정적인 영향을 주어 기분이 좋아진다. 운동은 또한 신경 유연성을 증대하며, 편도체와 피질 모두가 회로 재설계에 더 잘 호응하도록 유도한다. 그 외에 충분한 양질의 수면을 취하면 편도체를 느긋하게 진정시킬 수 있다. 그러면 편도체는 일상에서 경험하는 여러 사건에 덜 민감하게 반응하며, 각종 스트레스를 더 평온한 방법으로 처리한다.

제2부 내내 우리는 편도체 회로에 영향을 미치고 그것을 진정시키는 여러 기법을 살펴보았다. 이제 불안을 일으키고 악화하거나 감소시킬 수 있는 피질로 방향을 돌려보자. 제3부에서는 피질 기반 불안을 통제하는 방식들을 면밀하게 살펴볼 예정이다.

불안할 땐 뇌과학

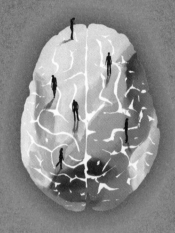

제3부

피질 기반 불안의 통제

제10장

불안을 유발하는 생각 패턴

사람들은 마치 어쩔 수 없다는 듯 혹은 통제권이 없다는 듯이 자기 감정을 대한다. 하지만 이미 살펴본 것처럼, 당사자의 노력 여하에 따라 불안을 낳는 근본적인 신경학적 과정에 얼마든지 영향을 미칠 수 있다. 제2부에서는 편도체에 영향을 주고 그 회로를 재설계하는 방법을 자세히 살폈다. 제3부에서는 피질에 대해서도 사용 가능한 방법을 살펴볼 것이다. 피질이 일으키는 생각, 이미지 그리고 행동을 변화시키는 일은 실제로 가능하며, 그런 방법을 습득하면 피질 기반 불안에 더 잘 대응하여 통제권이 넓어진다.

　많은 사람이 자기 생각을 통제한다면 자연스럽게 불안을 억제할 수 있다는 개념에 친숙하다. 그들은 불안 치료사를 통해 관련 이야기를 듣거나, 아니면 생각이나 인식이 어떻게 불안을 일으키는지에 관한 글을 읽어 알고 있다. 피질 기반 접근법을 활용해 불안 환자를 도운 사례는 편도체 기반 접근법을 활용한 사례보다 훨씬 많다. 우리는 이 책의 부록 〈관련 자료〉 부분에서 유익한 책들을 소개했다. 피질 회로 재설계에 도움을 주는 여러 접근법을 알아두는 게 좋다. 그래야 이런 기법들을 활용했을 때 무엇을 성취할 수 있는지 명확히 가늠하게 된다. 이 장에서는 대표적인 방법 몇 가지를 알아보고 그런 방법들이 피질 회로를 재설계하여 불안을 완화하는 과정을 상세히 보여주려고 한다.

이 책의 〈들어가는 글〉에서 언급했듯, "인지(cognition)"는 대다수 사람이 "생각하기(thinking)"라고 말하는 피질 과정을 가리키는 심리학 용어다. 인지 치료에서 가장 잘 알려진 선구자는 정신과 의사 아론 벡과 심리학자 앨버트 엘리스이다. 그들은 각자 불안이 특정 사고 유형에 의해 발생하거나 악화될 수 있다고 주장했다. 두 학자 모두 불안은 사람들이 사건을 해석하는 방식에서 비롯되며, 때로는 특정한 사고 과정의 결과로 현실이 왜곡되기도 한다고 말했다.

사례59

당신은 상황 위험성을 지나치게 강조할 수 있다. 비행기 여행이 통계적으로 더 안전하다고 이미 밝혀졌는데도 비행기 사고를 두려워하는 것이 그런 사례다. 혹은 다른 사람의 행동이 당신과 아무런 관계가 없는데도 인신공격이라고 해석하는 게 그렇다. 예를 들어 당신이 프레젠테이션을 하는데 누군가가 다른 사람과 이야기하는 것을 보며 당신의 프레젠테이션이 지루하기 때문이라고 추정하는 것도 그런 경우이다.

불안할 땐 뇌과학

사람의 인식은 기이한 방식으로 작동하여 웬만하면 벌어지지 않을 문제를 마치 곧 벌어질 것처럼 예측하거나 무해한 신체 감각을 중대 질병으로 걱정하기도 한다.

직접 피질에 개입하는 인지 재구성

인지 치료(cognitive therapy)로 널리 알려진 접근법의 기본 개념은 다음과 같다. 우리가 가진 몇몇 인식은 비논리적이거나 유해하며, 행동이나 정신 상태에 유해 패턴을 발생시키거나 악화한다는 것이다. 인지 치료사들은 자기 패배적이거나 역기능적인 생각, 특히 불안이나 우울 수준을 높이는 생각을 찾고 변화시키는 데 집중한다. 이 접근법을 인지 재구성(cognitive restructuring)이라고 한다. 불안과 맞서 싸우려는 인지 재구성 방법은 피질 통로에 직접 개입한다.

인지 치료사들은 자기 패배적이거나 역기능적 생각을 검토할 때 피질, 그중에서도 주로 좌반구에서 발생하는 과정에 집중한다. 우리 생각을 바꾼다는 것은 이 피질 회로를 수정한다는 의미다. 우리 생각은 뇌에서 벌어지는 신경학적·화학적 과정의 결과일 뿐만 아니라, 뇌 자체의 신경학적·화학적 과정이기도 하다. 따라서 인지 재구성 방법에서는, 지금껏 해온 생각 방식 즉 그 '생각 패턴'을 바꾸어 두뇌 회로를 재설계한다.

지금껏 우리가 살펴온 것처럼, 공포와 불안을 일으키는 뇌 과정은 피질 개입 없이도 발생할 수 있고, 실제로 발생한다. 가령 편도체 통로를 통하여, 피질 과정이 완료되기 전에도 공포 반응이 일어난다.

그렇다고 해서 피질에서 벌어지는 생각과 해석이 중요하지 않다는 뜻은 아니다. 그런 생각과 해석도 분명 삶에 영향을 미친다. 따라서 우리는 생각이 편도체에 영향을 미치는 여러 방식을 이해하고 더 나아가 어떻게 하면 생각의 영향을 제한할 수 있을지도 확실하게 알아두어야 한다.

불안은 피질의 인지 과정 개입 없어도 자동으로 발생할 수 있다. 따라서 이런 다른 통로를 통해 생기는 불안도 있으므로, 생각을 바꾼다고 언제나 불안을 막을 수 있는 것은 아님을 인정하자. 그러나 피질에서 생각이나 이미지가 불안 반응을 일으킬 때 그것을 다른 것으로 바꾸면 어느 정도 불안을 완화하거나 막을 수 있다.

사례60

운전면허 시험 결과가 나오기를 기다리는 두 10대 소년이 있다. 호세는 앉아서 시험에 떨어졌으면 어떡하나 걱정하고, 답을 제대로 썼는지 노심초사하면서 자꾸만 면허 취득에 실패했다는 소식을 듣는 자신을 상상한다. 반면 리카르도는 아버지와 통화하며 즐겁게 대화를 나누었고 시험 결과에 대해서는 신경 쓰지 않았다. 기분을 전환하게 하는 아버지의 익살스러운 행동 덕분에 리카르도는 부정적 결과를 떠올리지 않았다. 두 소년 모두 시험에 통과하긴 했지만, 호세만 스트레스를 받으며 불안한 시간을 보낸 셈이었다.

이런 식으로 생각을 바꿀 때 피질 기반의 사고 과정이 불안을 부추기는 것을 막아낼 수 있다.

불안할 땐 뇌과학

인지 재구성 전략은 더 나아가 편도체 기반 불안을 억제할 가능성도 있다. 흔히 피질은 편도체에서 생긴 불안을 악화할 가능성이 더 큰 것이 사실이다. 하지만 평소 자신이 상상하고, 생각하고 혹은 혼잣말하는 것을 통제하는 일에 익숙하다면 좀 더 안정적으로 마음의 평온을 유지할 수 있다. 이렇게 하려면 생각과 사유 과정을 바꾸어야 한다.

이 과정은 어려워 보이지만, 불안을 유발하는 생각을 따라 편도체가 일으키는 감정 반응에 대처하는 일보다는 쉽다. 피질 기반 사고와 편도체 활성화 사이의 관련성을 이해하고 생각을 변화시킴으로써 불안을 상당 부분 억제할 수 있음을 인식한다면, 피질을 적절하게 활용할 수 있다. 그리고 이 작업은 지속적인 결과를 가져온다. 생각을 바꾸면 뇌에서 안정적이고 지속 가능한 새로운 반응 패턴을 확립할 수 있다.

해석을 바꾸니 감정이 달라졌다

제3장에서 우리는 피질에 의한 해석이 어떻게 불안을 증대하는지 설명했다. 상황이나 사건을 경험할 때 그 상황이나 사건 자체는 감정을 유발하지 않는다. "남편 때문에 화가 나요" 같은 말을 자주 하지만 그런 감정 반응을 일으키는 것은 배우자가 아니다. 피질의 상황 해석이 그런 반응을 가져온다. 예를 들어, 피질은 '남편은 내가 실수한 것은 기가 막히게 알아차리면서 내 마음은 알려고 하지도 않네' 같은 해석을 내릴 수 있으며, 이것이 아내의 서운함으로 이어진다.

이것이 의심스럽다면 같은 사건에 대해 사람마다 다른 감정적 반응을 보인다는 점을 고려해보라. 따라서 사건이 감정의 원인이 될 수는 없다.

> **사례61**
>
> 조시는 두 친구 모니크와 제이든과의 저녁 약속에 나타나지 않았다. 조시에게 화가 많이 난 제이든은 있는 그대로 분노를 표시했다. 반면 모니크는 딱히 신경 쓰지 않고 그저 몇 주 동안 보지 못한 친구 제이든과 함께 그 시간을 즐겁게 보내길 바랐다.

조시가 나타나지 않았다는 사건 자체는 두 사람에게 동일하게 일어났다. 그러나 그들의 해석은 무척 달랐다. 제이든의 해석은 이것이다. '오겠다고 말했으면 그대로 했어야지. 조시는 우리 두 사람에 대한 존중심이 없어.' 그런 해석이 분노 반응으로 이어진 것이다. 그에 반해 모니크는 이건 친구 제이든과 단둘이 더 밀도 있는 시간을 보낼 기회라는 '다른 해석'을 했다. 이것이 각각 다른 감정으로 이어졌으며, 상황이 특정 감정을 유발하는 게 아니라 개인의 해석이 그렇게 한다는 것을 증명한다. 물론 다른 해석도 가능하고, 이것은 사뭇 다른 감정으로 이어진다. 여기서 알아둬야 할 점은 어떤 상황이든 당신의 해석이 감정 반응에 강력한 영향을 미친다는 부분이다.

스트레스를 많이 받는 상황이라면 당신이 거기에 대해 어떻게 해석하는지 인식하고 그 해석을 수정할 여지가 있는지 고려해보라. 이렇게 하여 당신은 피질이 일으키는 정서 반응을 통제할 수 있다. 하지만 해석을 바꾸는 일이 쉬운 것은 아니다. 그런 해석은 흔히 당신이 겪은 과거 경험과 예측을 근거로 내려지기 때문이다. 또 어떤 상황을 충분히 생각하고 그것을 해석하는 방식을 확인하는 데도 어느 정도 노력이 필요하다. 게다가 당신이 그런 정서 반응을 언제나 바꾸려고 하는 것도 아니다. 때로는 그런 반응이 적합하거나 유용할 수도 있기 때문이다. 하지만 당신이 피질의 해석을 바꿀 수도 있다는 사실은 불안을 줄이는 데 크게 도움이 된다.

훈련 불안을 줄이기 위해 해석 바꾸기

먼저 상황 자체보다 상황에 관한 당신의 해석이 불안을 유발한다는 사실을 인식하자. 이것은 당신에게 불안을 줄이는 새로운 방식을 제공한다. 피질 기반 접근법을 활용하고 편도체 활성화를 억제하기 위해 당신은 기존 해석을 바꿀 수 있다.

사례62

리즈라는 학생은 영어 수업에서 작문 과제를 두고 불안을 경험하고 있다. 3장의 〈도해 5〉를 참고하면 이 불안에는 세 가지 요소가 작용한다.

첫째, 사건.

둘째, 리즈의 피질이 제공한 해석.

셋째, 그녀의 정서(불안).

작문 과제를 돌려받았을 때 리즈는 교사가 과제에 여러 논평을 남긴 것을 확인했다. 그녀는 모든 논평이 자신의 실수를 지적하고 있고, 그래서 자신은 글재주에 명백히 소질이 없으며, 수업에서 낙제할 거로 생각했다. 이런 생각이 들자 리즈는 현기증을 느꼈고, 몸이 덜덜 떨리며 어쩔 줄 모르겠다는 기분이 들었다. 그녀의 생각이 편도체를 활성화한 것이 분명했다.

하지만 나중에 리즈가 교사의 논평을 다시 살폈을 때 몇몇은 실제로 수정 사항이었지만, 다른 것은 칭찬, 유용한 피드백 혹은 자신의 글의 대한 적극적인 반응이었음을 알았다. 그녀의 학점은 B였다. 엄청난 참사는 아니었으며 어느 정도 향상의 여지를 남겨놓은 것이었다. 이제 리즈는 해석을 바꿀 기회를 얻었다. 다음에 평이 적힌 과제를 돌려받을 때 그녀는 '선생님은 내 글을 꼼꼼히 읽고 정성스럽게 피드백을 주시는구나. 이번 기회에 글 쓰는 법을 잘 배웠으니 더 나은 학점을 받을 수 있을 거야'라고 생각한다.

불안을 느끼는 여러 상황에서 답은 정해져 있지 않다. 다른 해석을 시도할 수 있다는 의미다. 사건, 해석 그리고 그런 결과로 나타나는 감정이라는 세 가지 요소를 염두에 두자. 자신의 해석을 인식하는 방법을 배우고 불안을 줄이기 위해 해석을 수정하는 방법을 생각해보자.

자, 지금 해보자. 당신이 불안을 느끼는 여러 상황을 한 장에 하나씩 열거하라. 이어 종이를 보며 불안 반응을 이끌어낸 당신의 해석들을 확인해보자.

다음으로 불안을 유발하는 각각의 해석에 대해 다른 관점에서 내놓을 수 있는 대체 해석을 브레인스토밍해보자. 이 방법을 활용한다면 각기 다른 해석들이 어떻게 광범위한 정서 반응으로 이어지는지 파악할 수 있다. 물론 불안을 줄이려면 보다 차분하고 균형 잡힌 마음 상태를 유도하는 해석에 집중하는 것이 좋겠다. (대안 해석을 떠올리는 데 도움이 필요하면 11장을 참고하라.)

대안 해석을 확인했다면 그 해석을 크게 소리 내어 읽어보라. 이는 해석을 수정하는 당신의 능력을 업그레이드할 것이다. 처음에는 해석을 바꾸는 과정이 어색하게 느껴질 수도 있고, 새 해석에 설득력이 없을 수도 있다. 하지만 꾸준히 시간을 들여 시도해보면 그 생각이 더욱 강해지고 자주 자연스럽게 떠오르게 된다. 의도적으로 그런 생각을 활용하려고 할수록 해석 수정이 좋은 습관으로 자리잡는다. 피질 활용에서는 "가장 분주한 것이 생존한다"(survival of the busiest)라는 원칙이 존재한다(슈워츠, 베글리 2003, 17).

생각을 바꾸는 것은 쉽지 않지만, 공들여 당신의 해석을 의식하여 어느 정도 관심을 기울이고 상황을 달리 보려고 노력한다면 얼마든지 생각을 바꿀 수 있다. 한번 시도해볼 가치가 있는 방법이다. 편도체가 활성화하기 전에 생각을 변화시키는 것은 편도체가 개입한 후에 불안을 진정시키려고 하는 것보다는 훨씬 쉽기 때문이다.

피질이 불안을 일으키는 방식

이제부터는 편도체를 활성화하는 여러 생각 유형을 검토할 것이다. 다양한 상황에서 인지 재구성 기법과 마음챙김(둘 다 11장에서 설명한다)을 사용할 텐데, 이 두 방법은 불안 억제에서 중요한 단계다. 생각을 바꾸면 뇌에 새로운 반응 패턴이 형성되어 불안을 견디고 불안으로부터 자신을 보호할 수 있다.

불안을 유발하는 생각은 머릿속에 자동으로 떠오르기 때문에 피질이 불안을 일으키는 다양한 방식을 미처 깨닫지 못할 수도 있다. 이제 우리는 불안을 키우는 피질 인식 과정을 몇 가지 유형으로 나누어 살펴볼 것이다. 이런 평가는 전문적으로 설계된 검사가 아니며, 당신의 사고 과정의 특징을 속히 파악하도록 도와주려는 의도로 구성되었음을 미리 알린다.

다음에 서술하는 피질 기반의 경향들을 '불안을 점화하는 생각'이라고 보는데, 그것이 편도체를 활성화할 수 있기 때문이다. 실제로 그런 경향들은 불안의 주된 원인이 된다.

훈련 | 비관주의적 경향 인지하기

피질의 영향력을 확인하는 가장 간단한 방법 중 하나는 당신 자신, 세상 그리고 미래에 관한 당신의 전반적인 전망을 살펴보는 것이다. 피질은 당신의 경험 해석을 돕고 장차 어떤 일이 벌어질지 미리 예측하게 한다. 당신에게 있는 전반적인 인생 전망도 이런 과정에 강한 영향을 미친다.

사례63

낙관주의는 사람들 사이에서 더 흔하고, 일정하게 불안을 억제한다. 비관적인 경향이 있다면 불안을 더 많이 느낄 가능성이 크다. 또한 비관적인 태도가 있으면 그다지 성공을 기대하지 않기 때문에 불안을 바꾸려는 노력을 덜 할 수도 있다.

이 평가는 당신이 부정적, 비관적인 생각에 사로잡히는 경향이 있는지를 확인하도록 돕는다. 아래 서술을 읽고 당신에게 해당하는 것을 모두 체크하라.

☐ 발표나 시험이 다가올 때 나는 무척 걱정하면서 잘 해내지 못할까 봐 두려워한다.

☐ 내가 뭔가가 잘못될 수 있다고 여기면 생각처럼 될 때가 많다.

불안할 땐 뇌과학

□ 나는 종종 불안이 끝나지 않을 것 같은 예감이 든다.

□ 누군가에게 예상치 못한 일이 일어났다는 소식을 들으면 보통 부정적인 것을 먼저 떠올린다.

□ 나는 종종 부정적인 일이 벌어질 것을 두려워하면서 대비도 하지만, 그런 일은 좀처럼 혹은 거의 일어나지 않는다.

□ 내 인생에는 불운만 있을 뿐 행운은 찾기 어렵다.

□ 어떤 사람들은 자기 삶을 발전시키길 바라지만, 내게는 가망 없어 보이는 일이다.

□ 대다수 사람은 나를 실망시킬 것이므로 그들로부터 별로 기대하지 않는 편이다.

이런 서술문 중 다수에 체크했다면 당신은 주로 비관적인 사고방식을 가진 사람이다.

낙관주의자가 되게 하는 뇌 영역이 있다?

낙관주의는 두뇌의 좌반구 활성화와 더 연관되어 있지만, 비관주의는 우반구와 더 연관된다(헤흐트 2013). 우반구는 위험과 잘못을 확인하는 데 더욱 집중하므로 우반구 활성화가 증대되면 더욱 부정적인 평가를 이끌어낸다. 의도적으로 어떤 상황에 관해 긍정적인 시각을 취하려는 시도는 좌반구 활성화와 관련 있는데(맥레이 등 2012), 비관적 태도 역시 날 때부터 정해진 것이 아니라 두뇌 회로 수정을 통해 바꿀 수 있다는 증거다.

전두엽 조직인 중격의지핵(nucleus accumbens)[12] 역시 여기서 한 몫한다. 중격의지핵은 뇌의 쾌락 중추로 희망, 낙관주의 그리고 보상 예측에 관여한다. 이곳에선 신경 전달 물질 도파민이 방출되고, 여러 연구들은 뇌의 도파민 수준이 높을수록 부정적인 예상이 줄어들고 낙관주의가 커진다는 것을 보여준다(섀럿 등 2012). 신경과학자 리처드 데이빗슨은 중격의지핵에서 활동이 많을수록 더 긍정적인 관점을 지니게 된다는 것을 밝혀냈다(데이빗슨, 베글리 2012). 데이빗슨은 뇌의 이 부분이 삶을 낙관적으로 바라보게 하는 기준이 된다고 주장했고, 중격의지핵이 낙관주의자와 비관주의자에 따라 다르게 반응한다는 것을 여러 연구자가 발견했다(레크네스 등 2011). 낙관주의자가 전두엽의 뇌 조직인 전대상피질(anterior cingulate cortex)[12]에서 더 많은 활성화를 일으킨다는 것을 확인한 연구도 있다(섀럿 2011).

낙관주의 대 비관주의 경향을 만들어내는 피질의 특정 지역을 확인할 수 있는지 여부와 무관하게, 비관주의는 분명 수정이 가능한 관점이다. 따라서 그런 수정에 공을 들일 가치가 있다. 낙관적인 사람들은 더 행복하고, 역경을 더 잘 처리하고, 더 건강이 좋다(피터스 등 2010). 그들은 뭔가 해보고자 하는 자극을 더 많이 받고, 실패했을 때도 좌절하지 않고 다시 시도해보려는 동기 부여가 잘 되는데, 노력을 들이면 좋은 결과가 나오리라고 예상하기 때문이다(섀럿 2011). 그

---

12 '어컴벤스'(accumbens)는 라틴어 '아쿰보'(accumbo)에서 온 것으로 "누워 있는, 의지하는" 정도의 뜻이다. 전두엽의 중격(중앙공간)에 자리 잡고 있다는 의미다. 전대상피질 (anterior cingulate cortex) 중 '싱귤레이트'(cingulate)는 라틴어 '킹굴룸'(cingulum)에서 왔으며 '띠모양'(대상)이라는 의미다.

들은 자신의 예상이 타당한지, 그렇지 않은지를 떠나 덜 걱정하고 더 긍정적인 결과에 집중한다.

역으로 비관주의는 좌절, 후퇴, 포기로 이어질 가능성이 크다. 비관주의자는 걱정하고, 나쁜 결과를 상상하고, 자기 인생이 잘 안 풀린다는 생각에 붙잡혀서 헤어 나오지 못할 가능성이 크다. 부정적인 것에 집중하는 것은 정서적으로 유익한 생활 방식이 될 수 없다. 이것이 당신 인생에서 해결하고 싶은 문제라면 생각 멈추기, 인지 재구성, 불안에 맞서는 대안 생각 개발 그리고 마음챙김 등, 제11장에서 논하는 피질 기반 개입 방법에서 혜택을 얻도록 하라.

훈련   근심 걱정하는 경향 인지하기

근심 걱정은 많은 사람에게 불안의 원천이고, 전반적 불안장애를 겪는 사람들에게는 가장 큰 골칫거리이다. 근심 걱정은 보통 어떤 이미지나 생각을 동반한다. 그리고 예상되는 어려움에 맞서서 문제 해결 방식을 생각해내는 데 역점을 둔다. 장래에 발생할 가능성이 있는 부정적 사건에 대해 자주 생각하는 습관이 있다면, 그런 근심 걱정이 불안을 만들어내는 주된 원인이다.

이 평가는 걱정하는 경향이 있는지 살펴보는 데 도움이 된다. 아래 문항을 읽고 자신에게 해당되는 항목에 체크하라.

☐ 나는 특정 상황에서 잘못될 수 있는 온갖 일을 상상하는 데 익숙하다.

☐ 내 몸의 증상은 아직 진단되지 않은 어떤 질병 때문이라고 걱정한다.

□ 나는 사소한 것에 미리 걱정하는 경향이 있다.

□ 일을 하거나 다른 활동으로 바쁠 때 나는 그다지 불안을 느끼지 않는다.

□ 일이 잘 풀릴 때조차 잘못되는 경우를 생각하는 것 같다.

□ 특정 상황에 대해 당장은 걱정하지 않더라도 시간이 지나면 뭔가 확실히 잘못될 것 같다는 기분이 든다.

□ 뭔가 부정적인 일이 벌어질 가능성이 조금이라도 있다면 그것을 곰곰이 생각하곤 한다.

□ 걱정하는 일 때문에 잠들기 힘들 때가 많다.

이런 서술문 중 다수에 체크했다면 당신은 미리 근심 걱정하는 경향이 있음을 보여준다.

걱정의 뇌 속 메커니즘

불안은 오로지 우리 삶에서 실제로 벌어지는 사건만으로 일어나는 것은 아니다. 피질의 '예측 능력' 때문에 실제로 일어나지도 않고, 웬만하면 벌어지지도 않을 사건을 떠올리면서 불안해할 수 있다. 근심 걱정은 결국 벌어질지도 모르는 부정적 결과에 대한 지레짐작이다. 앞서 언급했듯 근심 걱정은 이미지나 생각을 수반하고, 예측되는(하지만 실제로 벌어지지 않을 가능성이 큰) 미래의 어려움을 예방하거나 최소화하려고 미리 생각하는 과정이다. 역설적이게도 발생하지 않을 수도 있는 이런 문제를 해결하려는 시도는 불안이라는 불씨에 기름을 끼얹는 것이나 마찬가지로 엄청난 고통을 가져온다. 19세기 정치인이자 과학자 존 러벅이 언급했듯 "종일 걱정만 하는 것은 한주 내내 열심히 일하는 것보다 더 사람 진을 빼놓는다".

걱정은 대체로 안와전두피질(orbitofrontal cortex)에서 발생하는데, 이것은 두 눈의 뒤쪽 위에 있는 전두엽의 일부이다. 이곳은 좋은 것이든 나쁜 것이든 다양한 잠재적 결과를 생각하는 뇌 조직이고, 미래에 닥칠 상황에서 어떻게 행동해야 할 것인지 결정한다(그루프, 니슈케 2013). 안와전두피질은 미리 계획하고 자제하는 능력을 제공하며, 다른 동물은 하지 못하는 여러 방법으로 미래의 일을 대비하도록 시킨다.

하지만 다른 잠재적 결과를 고려하고 예측하면서 결정을 내리는 인간의 능력은 양날의 검이다. 이 능력은 어떤 일이 벌어질지 예측하는 것을 도우면서, 우리가 마감 기한을 지키고, 제때 저녁을 준비하고, 경력을 계획할 수 있도록 해준다. 하지만 예측과 의사 결정이 자꾸만 근심 걱정 쪽으로 기울어진다면 곤란하다. 그러면 주로 잠재적인 부정적 결과에 집중하게 되고 가능성이 무척 적은 일을 상상하거나 생각하면서 번뇌가 시작되기 때문이다. 일부 연구자들은 걱정이 우반구의 부정적인 이미지를 피하기 위해 좌반구의 언어 처리를 사용하려는 방법이라고 주장한다(컴튼 등 2008).

전전두피질의 두 번째 부분은 전대상피질(anterior cingulate cortex)로서 이 조직 또한 근심 걱정을 일으키는 데 관여한다. 이것은 전전두피질의 더 오래된 부분 중 하나인데, 뇌의 중심 근처에 있으므로 피질과 편도체 사이의 다리 역할을 하고, 두뇌가 정서 반응을 처리하는 데 도움을 준다(실튼 등 2011). 때로 전대상피질은 과도한 활동을 하기도 하는데, 이런 활동은 이 피질이 발달하는 방식에 결함이 있었거나 특정 신경 전달 물질의 과다 작용 때문에 그러하다.

전대상피질은 생각과 정서 정보를 피질과 편도체 사이에서 전달하고, 한 생각에서 다른 생각으로 순조롭게 넘어가도록 하지 않고 특정 생각이나 이미지에 고착되도록 한다. 원래 전두피질과 편도체 사이에서 오가는 원활한 정보 흐름 덕분에 생각과 반응은 더 많은 유연성을 갖기 마련인데, 이런 흐름이 하나의 고정된 순환 고리(loop) 속으로 빠져버리는 것이다. 이런 고착 현상이 발생했을 때 사람들은 아직 발생조차 하지 않은 잠재적 문제를 상상하면서 근심 걱정하고 또 해결하려고 강박적으로 매달린다. 이런 허깨비 잡는 고착은 효과적인 사전 계획이나 문제 해결 방식과는 무척 다르다. 만약 당신이 근심 걱정에 대처하는 데 곤란함을 느낀다면 제11장에서 논하게 되는 여러 전략에서 효과를 볼 수 있다. 그 전략은 기분 전환, 생각 멈추기, 다른 생각으로 대체하기, 인지 재구성 기법, 정신집중, 근심 걱정을 없애는 계획 등을 포함한다.

훈련 | 강박증이나 충동 경향 인지하기

제3장에서 논했듯 강박증은 특정 상황에 사로잡혀 그 생각을 멈출 수 없는 상태를 가리킨다. 돌발적 충동 혹은 반복적으로 특정 행동에 몰두하면 일시적인 위안을 줄 수 있겠지만, 진정한 해법이 아니므로 그런 충동 행동을 반복해야 하며 이것은 보통 악순환으로 이어진다. 특정 생각에 사로잡히거나 특정 충동을 하고 있다면 그것은 분명 피질 통로에서 발생하는 문제이다.

이 평가는 당신이 강박증인지, 또 여러 생각에 매달리는 일로 곤란함을 겪고 있는지를 확인해준다. 아래 서술문들을 읽고 해당 사항을 모두 체크하라.

☐ 나는 마음속에 특정 사건을 계속 반복해 생각하며 오랜 시간을 보낸다.

☐ 실수하거나 해야 할 일을 잊어버렸을 때 그걸 받아들이는 데 오랜 시간이 걸린다.

☐ 친구나 친척이 날 실망시킨 경우, 속상한 것을 극복하고 그 사람과 다시 잘 지내는 데 몇 달이 걸린다.

☐ 특정 물건들을 일정한 정돈 및 정리 상태로 두지 않으면 심란해지는 경향이 있다.

☐ 나는 물건을 정리하고, 세고, 청산하는 데 골몰하곤 한다.

☐ 불안감을 줄이기 위해 가스레인지 같은 물건은 반복적으로 확인해야 한다.

☐ 오염, 세균, 화학물질 혹은 질병에서 오는 위험에 대해 민감하게 여긴다.

☐ 불쾌한 생각이나 이미지가 머릿속에 자주 떠오르고, 한번 그러면 그런 것을 쉽게 물리칠 수 없다.

이런 서술문 중 다수에 해당한다면, 강박적 사고방식이 당신에게 불안을 안겨주고 있음을 기억하라.

강박증과 충동 증세가 심해지는 이유

피질은 특정 생각이나 행동을 놓아버리지 못할 때 불안을 증대한다. 이런 일이 벌어질 때 강박증 환자는 특정 생각에 사로잡힌 채 생각을 멈출 수 없다고 느끼고, 자기 딴에는 그런 생각을 물리치려고 특정 행동에 반복적으로 몰두하느라 아무것도 하지 못한다.

후아니타 사례를 보자. 그녀는 자기 손이 오물이나 세균으로 오염될 수 있다는 강박증으로 고생하고 있다. 손에 뭔가 묻었다는 생각을 멈출 수 없던 그녀는 오랜 시간 반복하여 손을 씻는 충동을 보였고, 하도 씻어서 피부가 갈라져 피가 나는 지경에 이르렀다. 문제는 손을 씻고 몇 분 되지도 않았는데 또다시 손이 오염되었을지도 모른다고 두려워하며 손을 씻게 된다는 것이었다.

피질의 여러 부위가 강박증에 관여할 수 있지만, 강박적인 생각은 근심 걱정에 관여하는 피질 부위 활성화 때문으로 보인다. 그런 곳이 안와전두피질과 전대상피질이다. 이 두 부위를 연결하는 회로에 대해 학자들의 연구가 집중되고 있다(펑 등 2013). 많은 신경 영상 연구는 강박증 환자의 안와전두피질이 과도하게 활성화되어 있음을 보여준다(멘지스 등 2008). 하지만 이런 기능 장애는 영구적인 것이 아니다. 연구에 따르면 인지 행동 치료가 강박 증상 완화에 도움을 줄 수 있고(주로스키 등 2012), 증상 완화는 안와전두피질에서 발생하는 활성화 억제와 연관 있음을 보여주었다(부사토 등 2000).

전대상피질 개입에 관해 말해보자면, 뇌의 이 부분은 일상생활의 여러 문제에 반응하는 다양한 접근 방식 사이를 넘나들며 순조롭게 그것을 전환하도록 돕는다. 하지만 근심 걱정에 관한 논의에서 언급했듯, 때때로 이 조직은 고정된 순환 고리에 빠진다. 연구조사는 강박장애가 전대상피질에서의 구조적 문제 때문이라고 지적하는데, 강박증 환자들은 일반적으로 전대상피질이 그렇지 않은 사람보다 더 얇은 경향이 있다(쿤 등 2013).

불안할 땐 뇌과학

강박 생각과 충동 행동은 둘 다 불안을 만들어내는 피질 내 과정이다. 강박 생각은 오염, 위험, 폭력 혹은 질서 정연한 물건 정리 등 특정 테마에 집중하는 경향이 있고,[13] 엄청난 불안을 일으킬 수 있다. 충동 행동은 다양한 형태를 취하지만 보통은 청소하고, 확인하고, 수를 세고, 만지는 일에 집중한다. 충동 그 자체는 그다지 큰 불안을 일으키지 않지만, 그런 충동에 저항하려고 할 때 통상적으로 엄청난 불안을 경험한다. 11장에서는 당신의 피질이 강박 관념에 맞서 싸우는 법을 논의할 것이다. 충동은 8장에서 서술한 노출 치료 방법으로 대응하는 것이 적절하다. 충동을 저항·극복하는 일은 먼저 편도체를 활성화하는 것으로 시작되기 때문이다.

훈련 완벽주의 성향 인지하기

자신이나 다른 사람에게 비현실적인 높은 기준을 설정하고 그것을 지키려고 하지 말라. 그런 기준은 확실히 불안만 더 키울 뿐이다. 누구도 완벽한 사람은 없으므로 너무 높은 기준은 보통 실패에 이른다.

이 평가는 완벽주의가 당신에게 문제가 되는지 판단하도록 돕는다. 아래 서술문들을 읽고 해당하는 것을 모두 체크하라.

☐ 나는 스스로 높은 기준을 설정해 놓고, 보통 그것을 지키려고 한다.

---

13 이 외에 특정 동작의 연속적 유지도 있다. 가령 계단을 올라가는 것을 두려워하는 사람은 올라가는 동작 그 자체가 아니라, 자기 생각에는 계단의 정중앙만 밟으며 올라가야 하는데 그것을 완벽하게 할 수가 없어서 계단을 오르지 못하는 식이다.

- □ 나는 뭔가를 하는 데 일정한 올바른 방법을 알고 있고, 그 접근법에서 조금이라도 벗어나면 안 된다고 생각한다.
- □ 사람들은 내가 극도로 양심적이고 조심하는 일꾼이라고 생각한다.
- □ 뭔가 잘못했을 때 나는 무척 당혹스럽고 부끄럽다.
- □ 사람들이 나를 보고 있을 때 창피를 당할까 봐 걱정된다.
- □ 나는 스스로 만족할 정도로 일을 철저하게 수행한 적이 거의 없다고 생각한다.
- □ 내가 저지른 실수를 잊어버리는 것이 무척 어렵다.
- □ 스스로에게 엄격해지지 않으면 충분하지 않다고 느낀다.

이런 서술 중 다수가 당신을 설명하고 있다면 당신은 완벽주의자이고 그것 때문에 어려움을 겪을 수 있다.

사람이 매 순간 최선을 다할 수는 없다

자신이나 타인에 대한 완벽주의적 기대의 결과로 대뇌피질 경로를 통해 불안이 우리를 찾아온다. 때때로 사람들은 완벽주의를 다른 사람, 대부분은 부모로부터 배운다. 자식에게 늘 최선을 다하라고 격려하는 일에도 부정적인 측면이 있다는 것을 부모는 모를 수 있다. 아무튼 이렇게 최선을 다하라는 격려가 피질에서 비현실적인 기대를 낳는다. 부모가 자식에게 뭔가를 기대하면 안 된다는 게 아니라, 비현실적인 생각을 심어주는 것에 주의해야 한다는 뜻이다. 우리는 매 순간 최선을 다하며 살아갈 수는 없다. 때로는 느슨한 순간도 있고 때로는 실수도 한다.

부모가 언제나 완벽주의의 원천인 것은 아니다. 그것은 스스로 만들어낸 것일 수 있다.

티파니 사례를 보자. 그녀는 비현실적이고 완벽주의적인 기대의 원천이 자신에게 있음을 인지했다. 그녀는 어렸을 때도 늘 모든 것을 백 퍼센트 정확하게 해야만 직성이 풀렸다는 것을 기억했다. 반면 그녀의 부모님은 언제나 너그럽고 수용적이며 합리적이었다. 그들은 딸의 현재 모습도 훌륭하며, 늘 완벽할 필요는 없다며 자주 딸을 안심시켰다.

자기 완벽함에 대한 사람들의 기대가 합리적이라고 느끼든 아니든 그것이 불안의 원천임을 인지해야 한다. 완벽주의에서 비롯된 자기비판과 실망은 일상적인 불안 경험을 현저히 증가시킨다. 우선 불안을 일으키는 당신의 비현실적 기대가 무엇인지 살펴보라. 완벽주의가 그 불안의 뿌리일 수도 있다. 다행스럽게도 피질은 그보다 더 합리적인 기대를 설정할 수 있고, 그렇게 하면 불안은 자연히 줄어들 것이다.

훈련 **최악을 상상하는 경향 인지하기**

최악 상상하기(catastrophizing)는 사소한 문제나 작은 차질을 엄청난 재앙으로 과장하려는 경향을 지칭한다. 어떤 한 가지 사소한 일이 잘못되었다고 온종일 망친 기분이 드는 것이다. 이러한 피질 기반 해석은 엄청난 불안을 낳을 수 있지만 그것을 인지하는 법을 배우면 불안을 완화할 수 있다.

이 평가는 최악을 상상하는 것이 불안에 어느 정도 기여하는지 판단하는 데 도움을 준다. 아래 서술문을 읽고 해당하는 것에 모두 체크하라.

□ 현재의 어려움이 앞으로 어떻게 나타날지 생각할 때 나는 흔히 최악의 상황을 떠올린다.

□ 나는 사소한 문제를 지나치게 과장하곤 한다.

□ 내가 마음에 떠올리는 끔찍한 생각을 사람들이 안다면 내가 곧 미칠 거로 생각할지 모른다.

□ 나는 한 가지 이상의 일이 동시에 잘못되면 도저히 처리할 수 없다고 느낀다.

□ 뭔가 내가 바라는 방식으로 일이 돌아가지 않으면 대처하기 어렵다고 생각한다.

□ 나는 다른 사람들이 그다지 걱정하지 않는 문제에 대해 과잉 반응을 보인다.

□ 신호등에 걸려 멈춰 서는 것과 같은 사소한 방해에도 화가 날 때가 있다.

□ 때로는 작은 의심으로 시작된 생각인데 계속 곱씹다 보면 압도적인 부정적인 생각으로 변하기도 한다.

이런 서술 중 다수가 당신에게 해당한다면 당신은 최악을 상상하는 경향이 있다.

작은 일에도 화가 치밀어 오른다면

불편한 점들이 있을 때 마치 대참사라도 일어난 듯 반응하거나 사소한 일이 잘못되어 하루를 온통 망친 듯한 기분이 든다면, 그런 생각이나 느낌은 당신의 불안을 키운다. 최악 상상은 안와전두피질 회로에 뿌리를 두는데, 앞서 언급한 것처럼 걱정과 함께 다양한 결과를 고려하는 데도 안와전두피질이 관여한다. 안와전두피질의 또 다른 임무는 사건으로 추산되는 비용이나 단점을 추정하는 것이다(그루프, 니슈케 2013).

어떤 사람들은 특정한 부정적 사건이 불러온 손실을 과대평가하는 경향이 있다.

사례66

제러미는 시간이 늦었다며 빨리 차를 몰다가 신호에 걸려 멈춰 서야 했고, 이어 화를 참지 못하고 마구 욕설을 내뱉으며 핸들을 쾅쾅 내리쳤다. 물론 그래 봤자 고작 1~2분 정도 지연되는 것이지만 그의 뇌는 그런 짧은 지연에 대해서라도 큰 분노와 불만을 표현해도 된다고 생각했다.

미미한 사건을 마치 대참사처럼 여기며 반응하는 경향은 분명 편도체를 활성화하여 불안을 심화시킨 결과다. 역설적이게도 그것은 나쁜 상황에 불안감을 추가함으로써 실제보다 피해를 더 키운다. 11장에서 제시된 합리적인 대안 표현을 사용한다면, 이런 식의 행동을 멈추고 침소봉대 현상을 억제할 수 있다.

죄책감과 수치심이 가져오는 불안 인지하기

죄책감과 수치심은 대뇌피질의 전두엽과 측두엽에서 발생하는 감정이다. 죄책감은 자신이 용납할 수 없는 방식으로 행동했다는 느낌과 관련 있다. 반면 수치심은 다른 사람들이 나를 부정적으로 인식할 것이라는 느낌과 관련 있다. 두 감정은 엄청난 불안을 불러일으킨다.

아래 평가는 죄책감이나 수치심이 당신에게 문제가 되는지 판단하는 데 도움을 준다. 아래 서술문을 읽고 해당되는 것을 모두 체크하라.

□ 나는 기대치에 미치지 못하고 있음을 자주 느낀다.

□ 꼭 해야 하는 일을 하지 않았다는 것을 생각하면 걱정된다.

□ 사람들을 실망시키면 어쩌나, 아니라고 말을 해야 하는데 어쩌나 하는 생각에 자주 괴로워한다.

□ 초청받은 행사에 참석하지 못했는데, 그걸 안 친구가 당황하면 나는 며칠 동안 죄책감을 느낀다.

□ 누군가를 실망시켰다는 사실이 끔찍하게 느껴진다.

□ 사람들은 나의 죄책감을 이용하여 원하는 바를 쉽게 시킨다.

□ 내 실수를 인정하고 그 일과 관련해 다른 사람들과 논의하는 게 무척 힘들다.

□ 어떤 사람이 날 비판하면 그와 시간 보내는 것을 피하고 싶은 마음이 점점 커진다.

이런 서술문 중 다수에 해당한다면 당신은 죄책감, 수치심 혹은 둘 다로 불안을 느끼는 사람이다.

죄책감 vs. 수치심: 불안감을 더 강화하는 것?

이미 언급했듯 죄책감은 당신이 용납할 수 없다고 생각하는 방식으로 행동했거나 개인적인 기준을 위반했다는 감정을 동반한다. 수치심은 다른 사람들이 당신을 나쁘게 볼 것이라는 감정이다. 따라서 죄책감은 당신의 자기 평가에 집중하지만 수치심은 다른 사람들의 평가에 바탕을 두고 있다. 이 두 감정은 전두엽과 측두엽 활성화와 연관된 것으로 보인다.

수치심과 죄책감은 보통 사교적 불안장애(social anxiety disorder)와 관계되며, 이것은 가장 흔한 불안 유형 중 하나이자 남들에게 면밀히 관찰되는 것을 두려워하는 감정이 따른다.

사례63

라지 사례를 보자. 그는 사람들 앞에서 말하는 것에 곤란을 느낀다. 그는 자신을 남들에게 드러내는 것에 대해 부끄러워하고, 불편함을 잘 느끼며 사람들이 자기를 가혹하게 판단하면 어쩌나 노심초사한다. 하지만 사실은 그가 다른 사람보다 더 가혹한 기준을 적용해 자기 자신을 판단하며, 심지어 미미한 잘못에도 죄책감을 느끼고 있다.

사소한 일로 엄청난 죄책감과 수치심을 겪게 되면 커다란 불안으로 이어진다. 편도체는 죄책감보다 수치심 때문에 더 강하게 활성화되는 것으로 보인다(풀쿠 등 2014). 이 연구 결과는 위험으로부터 우리를 보호하는 편도체의 역할과 일치하며, 편도체는 사람들의 반감으로부터 자신을 보호하기 위해 그런 반응을 보이는 것이다. 이런 감

정들에 맞서는 대안 사고 활용을 포함하여 인지 재구성 기법은 민감한 죄책감과 수치심을 천천히 변화시킨다.

훈련 │ 우반구 기반 불안 인지하기

당신의 피질 우반구는 상상력을 발휘하여 실제로 벌어지지 않은 사건을 상상하도록 유도한다. 그리하여 그런 상황을 상상하면 본의 아니게 불안 반응이 일어난다.

이 평가는 당신의 불안이 우반구에서 나오는 것인지 판단하도록 돕는다. 아래 서술문들을 읽고 당신에게 해당하는 것을 모두 체크하라.

☐ 나는 속으로 잠재적인 문제 상황을 상상하고, 또 일이 잘못되는 다양한 방식과 남들은 어떻게 반응할지 상상한다.

☐ 나는 사람들의 목소리 톤에 무척 민감하다.

☐ 나는 상황이 잘못 돌아가면 벌어질 여러 시나리오를 늘 상상한다.

☐ 나는 사람들이 나를 어떻게 비판하거나 거부할지를 자주 떠올린다.

☐ 나는 자신을 당황하게 만드는 여러 사건이나 상황을 빈번히 상상한다.

☐ 나는 때로 끔찍한 사건이 벌어지는 이미지를 본다.

☐ 나는 직감에 의존하여 남이 느끼고 생각하는 것을 알아내려고 한다.

☐ 나는 사람들의 몸짓에 신경 쓰고 미묘한 신호를 알아차리길 잘한다.

불안할 땐 뇌과학

위 서술 중 다수에 해당한다면 당신은 상상만으로도 불안이 커지는 사람이다. 당신은 두려운 시나리오를 상상하거나 사람들의 부정확한 생각을 직관적으로 해석하는 경향이 있다.

부정적인 정보에 더 집중하는 피질 우반구

우반구는 더 총체적이고 통합된 방식으로 전문적으로 경험을 처리하고, 인간적 상호 관계의 비언어적 양상을 처리하는 데 능숙하다. 때로는 표정, 목소리 톤 혹은 몸짓에 집중한다. 당신은 이런 정보로 속단을 내릴 수도 있다. 예를 들어 목소리 톤을 잘못 해석하여 상대방은 그저 지쳐 있을 뿐인데 당신에게 화가 났거나 실망했다고 추측하는 것이다.

우반구는 시각적이든 청각적이든 부정적인 정보에 집중하는 경향이 있다(헤흐트 2013). 우반구는 자주 비판 사고의 원천이 된다고 이미 언급했다. 또한 상상력을 발휘하여 극도로 무서운 시나리오와 이미지를 만들어낼 수도 있다. 우반구는 다른 사람의 자세, 어조 혹은 표정에서 부정적인 것은 무엇이든 세심히 살핀다.

아무런 객관적 위협이 존재하지 않음에도 당신의 편도체가 마치 위험한 상황에 놓인 것처럼 반응하게 만드는 것이 이런 우반구 때문이다. 이에 대응하는 놀이, 명상 그리고 운동을 포함하는 다양한 전략은 좌반구 활성화 증대, 긍정적 정서 유발, 우반구 활성화 억제 등을 해낸다. 우리는 이런 전략들을 6장과 9장에서 설명했다.

피질의 우반구는 불안 자극과 슬픔의 감정이 발생하는 동안에 더욱 활발해진다(파푸섹, 슐터, 랭 2009). 한 연구조사는 연설을 준비하는 사회 공포증 환자의 경우 뇌 오른쪽이 활성화되고 심박수가 증가하는 것을 보여준다(파푸섹, 슐터, 랭 2009). 신경과학자들은 우반구 가운데 부분이 즉각적인 위협에 반응하는 통합된 체계를 갖고 있음을 발견했다. 이 체계는 주변 환경을 시각적으로 살피는 데 관심을 갖도록 지시하고, 유의미한 비언어적 신호에 대한 감수성을 키우고, 교감 신경계의 활동을 촉진한다(엥겔스 등 2007). 이 시스템은 불안이 시작되면 항상 관여한다. 그러나 필요하지 않을 때도 계속 기웃거리는데, 이런 경우가 늘면 위협에 효과적으로 대응하는 데 도움이 되기보다는 불안을 유발할 수 있다.

11장에서 우리는 불안과 싸우는 일에 어떻게 우반구의 긍정 이미지를 활용할 수 있는지 설명할 것이다. 당신은 또한 음악의 멜로디와 정서적 측면을 활용할 수 있다. 이런 측면은 우반구에서 처리되는데, 우반구를 적극 활용하여 긍정적 정서를 만들어내는 것이다. 이러한 방식으로 우반구를 사용하여 불안이 만들어지는 과정에 저항하는 방법을 배울 수 있다.

요약: 바꾸지 못할 생각은 없다

이번 장에서 제시된 여러 평가 덕분에 당신은 어떤 피질 과정과 생각 패턴이 편도체를 활성화하는지 판단할 수 있게 되었다. 그렇지만 당신이 인지하지 못하는 생각을 바꿀 수는 없다. 일단 당신에게 문제가 되는 부분을 확인하게 되면 당신에게 불안을 일으키는 생각 유형을 철저히 경계할 수 있다.

각 사람의 피질은 모두 다르고 불안을 일으키는 피질도 고유 방식이 있다. 일상생활에서 정기적으로 불안을 일으키는 당신의 생각 패턴을 살펴보라. 먼저 그런 생각을 인지하는 게 그 패턴을 변화시키는 첫 단계. 어떤 경향이 가장 강력한지 알아야 공격 목표를 명확하게 설정할 수 있다. 여기에 완전하게 고정된 것은 없으며 또 앞으로 바꾸지 못할 것도 없다. 당신은 이런 생각 유형 중, 불안을 완화하기 위해 적절한 유형을 골라 피질 회로를 재설계할 수 있고, 대체 과정을 촉진하기 위해 다른 회로를 강화할 수도 있다.

다음 장에서는 불안을 완화하거나 불안에 저항하기 위해 피질 회로를 재설계하는 여러 기법을 배워보자.

제11장

피질을 진정시키는 방법

이미 살펴봤듯 피질에서 특정 생각과 이미지를 만들어낸 후 그것을 곱씹으면 당신의 편도체는 활성화되고 결국에는 불안에 도달한다. 다행스럽게도 사건에 관한 생각과 사건 자체 사이에는 큰 차이가 있다. 당신의 생각과 외부 현실 사이에는 엄연한 차이가 있음을 반드시 알아야 한다. 어떤 사건이 발생하는 것을 생각하거나 상상한다고 해서 그 사건이 그대로 벌어지는 것은 아니다.

하지만 안타깝게도 편도체는 대부분 그런 차이를 인지하지 못한다. 따라서 당신의 편도체가 상상한 생각이나 이미지에 반응하여 불안 반응을 일으키지 않도록 하는 게 중요하다. 이렇게 하려면 그전 단계인 피질 해석 과정에서 생각과 사실이 엄연히 다른 것임을 숙지할 필요가 있다.

"내 생각이 틀릴 수도 있지"

사건에 관한 생각과 사건 자체 사이에는 엄연한 차이가 있음을 인식한다면 불안에 맞서 피질 기반 통제권을 확보할 수 있다. 3장에서 이미 논했듯, 인지 융합은 생각에 너무 사로잡혀 그것이 단지 생각일 뿐이라는 사실을 잊어버릴 때 발생한다.

사례68

남자 아기를 키우는 젊은 엄마 소니아 사례를 살펴보자. 어느 날 그녀는 아기가 얼마나 연약한지, 얼마나 쉽게 다칠 수 있는지 생각하게 되었다. 그러자 그녀의 머릿속은 의도했든 아니든 아기를 다치게 할 수 있는 다양한 방법을 생각하고 떠올리게 되었다. 가령 실수로 아기를 떨어뜨리는 모습을 상상하고, 물에 빠뜨리기도 쉽다고 생각했다. 이런 생각과 이미지는 그녀를 불안하게 했고, 이내 어린 아들과 단둘이 있는 것에 두려움을 느꼈다. 그러면서 그런 끔찍한 생각에 따라서 행동하게 될지 몰라 노심초사하게 된다.

이런 식으로 소니아는 생각과 현실을 혼동했고, 인지 융합의 희생자가 되었다. 하지만 그녀가 아들과 단둘이 있길 두려워한다는 사실은 아들을 보호하려는 마음을 반영한 것이었다. 그녀는 아들이 다치는 것을 걱정하고 있고, 필요하다면 아이를 보호하기 위해 행동에 나설 생각이었다.

우리 머리에는 피질이 생성한 다양한 생각이 떠오르지만, 그런 생각들이 반드시 진실인 것은 아니며, 또 생각대로 되는 것도 아닐

불안할 땐 뇌과학

뿐더러 우리가 그런 생각에 따라 행동하리라는 보장도 없다. 그럼에도 생각이 그저 생각에 불과할 뿐이라는 것을 쉽게 잊어버린다. 피질 신경에서 나타나는 현상(생각과 이미지)은 현실과 무관하게 발생할 수 있다. 생각과 현실 사이에 차이가 있음을 인지하는 것은 피질 기반 불안을 관리하는 데 필수적이다.

훈련 | 인지 융합을 경험하는 경향

당신이 생각과 감정을 액면 그대로 받아들이고 믿는 편이라면, 불안에 저항하는 데 도움이 되는 피질 재구성 능력은 방해를 받을 수 있다. 대뇌피질은 유연성이 매우 뛰어나지만, 이를 기꺼이 활용하려는 의지가 있어야 한다.

생각과 현실을 혼동하는 경향을 평가하기 위해 잠시 시간을 내서 아래 서술문을 읽고 당신에게 해당하는 것을 모두 체크하라.

□ 걱정이라도 하지 않으면 상황이 더 나빠질까 봐 두렵다.

□ 어떤 생각이 떠오르면 나는 그걸 진지하게 받아들여야 할 필요가 있다고 생각한다.

□ 뭔가 불안을 느낀다는 것은 뭔가가 잘못되리라는 명백한 신호라고 생각한다.

□ 뭔가에 대해 미리 걱정하면 때때로 나쁜 일이 벌어지는 것을 막을 수 있다고 생각한다.

□ 기분이 좋지 않을 때 나는 거기 집중하면서 곰곰이 따져보아야 직성이 풀린다.

□ 내가 하는 어떤 생각들은 사뭇 두려움을 준다.

□ 누군가가 사물을 다른 식으로 보는 법을 제안하면 그 생각을 진지하게 받아들이기가 어렵다.

□ 일단 의심이 생기면 거기에는 보통 그럴 만한 타당한 이유가 있다고 생각한다.

□ 나 자신에 대해 생각하는 부정적인 생각은 사실일 가능성이 높다고 여긴다.

□ 내가 어떤 일을 제대로 해내지 못하리라고 예측한다면 보통 그대로 된다.

이런 서술문 중 다수에 공감한다면 당신은 자기 생각과 감정에 과도하게 빠져드는 사람이다. 뭔가를 생각하거나 느끼더라도 그렇게 떠올린 대로 일이 벌어지는 것은 아님을 인지해야 한다. 그렇지만 어떤 생각이 곧 어느 정도 진실을 담고 있다고 여긴다면, 당신은 그런 생각을 떨쳐버리는 데 어려움을 느끼고, 그러면 회로 재설계가 어려워진다.

왜 불안한지 확실한 이유 대보기

인지 융합(cognitive fusion)은 무척 흔하게 발견되는 현상이다. 우리는 모두 자신이 생각하는 것이 객관적 현실이라고 추정하는 경향이 있고, 자신이 내린 추정과 해석에 별달리 의문을 품지 않는다. 하지만 때때로 사람들은 특히 고통스러운 상황과 관련하여 자신의 관점에 의문을 제기할 필요가 있다. 우리의 가정이 틀릴지도 모른다고 인식하는 일은 아주 중요하다. 인지 융합은 불필요한 불안을 많이 일으키기 때문이다.

애리아나 사례를 살펴보자. 그녀는 어느 날 오후 남자친구와 연락이 되지 않았고 뭔가 안 좋은 일이 그에게 벌어진 것이 아닌지 걱정하기 시작했다. 그녀는 친구가 사고를 당한 이미지가 떠오르거나 그녀와 헤어질 것을 고민하는 모습을 생각하기도 했다. 이런 가능성을 생각하면서 그녀는 당황하고 심란해했다. 친구의 소재를 알기 전까지는 혼란스러운 마음에서 벗어나지 못할 것 같았다. 나중에 애리아나는 남자친구가 집에 휴대전화를 두고 나가 그녀의 메시지를 받지 못했다는 것을 알게 되었다.

이 이야기에서 흥미로운 점은 애리아나가 자기 생각이 마치 실제 사건인 것처럼 반응했으며, 그런 생각이 그녀를 불안하게 했다는 것이다. 당신도 이와 비슷한 경험을 한 적이 있는가?

어떤 불안을 일으키는 생각이 인지 융합과 결합될 때 불안이 폭발할 가능성은 더 커진다. 당신이 비관적인 생각을 품거나 걱정하는 경향이 있다면 반드시 그런 인지 융합 상태를 인지하고 거기에 저항해야 한다. 그렇게 함으로써 얻는 혜택이 크다.

예를 들어 당신이 비관적으로 생각하는 경향이 있다면, 장차 벌어질 일이 당신 생각처럼 풀려나가는 게 아님을 인식하라. 이런 인식은 불안 억제에 도움을 준다. 구체적 사건을 뒷받침할 증거가 없거나 미미할 뿐인데도 어떤 생각이나 감정을 곧 그 사건 자체로 받아들이는 사례를 찾아보라. 당신이 인지 융합 상태일 때 경험할 수 있는 상황과 사례 목록을 작성하라.

사례70

참고할 만한 몇 가지 사례가 있다. '우리 집 마당 잔디를 보고 이웃이 한마디 할 것 같아', '이 파티에 온 사람 중에 누구도 날 좋아하지 않아', '공황발작이 다시 찾아오면 더 이상 견딜 수 없을 것 같네'와 같은 생각이 그렇다.

의외로 많은 사람이 자기 생각이나 감정을 객관적 현실과 동일한 것으로 보며 걱정하고, 심지어 어떤 사람들은 머릿속에 생각이 떠오른 것만으로 그것이 곧 사실이라고 믿는다. 가령 아래와 같은 사례들이 그러하다.

사례71

어떤 여자는 자기에게 현재 자신감이 없다는 사실은 앞으로 자신감을 가져서는 안 되는 확실한 증거라고 주장한다.

사례72

한 노인은 낙상에 대한 두려움 때문에 집 밖을 나가지 못한다고 말했다.

사례73

어떤 여자는 직장에서 나쁜 평가를 받은 적이 없음에도 불구하고 자신의 업무 성과에 대해 비판적이며, 경쟁에서 밀려 해고될까 봐 걱정했다.

인지 융합에는 인지 분리로 맞서라

'불안 생각 리스트'를 작성하여 검토하고 이런 근거 없는 생각이 불안을 만들어낸 적이 없었는지 생각해보라.

편도체는 실제 사건에 반응하는 것처럼 생각에도 똑같은 반응을 보인다. 그러므로 불안을 일으키는 생각을 경계하고 그런 생각에 지나치게 매달리는 시간을 줄임으로써 불안을 억제할 수 있다.

피질은 분주하고 시끄러운 뇌 조직으로, 일반적인 현실에서 아무런 토대를 찾을 수 없는 생각과 감정으로 가득 들어차 있다. 문제는 생각과 감정 자체가 아니라 그것을 진지하게 받아들이는 심리적 경향이다. 심리학자 스티븐 헤이스는 "이 경험들을 문자 그대로 받아들이고 이어 그것과 싸우려고 하는 경향이 가장 해롭다"라고 주장했고, 그런 경향에 맞서는 해법으로 '인지 분리'(cognitive defusion)를 제안했다.

인지 분리는 무척 강력한 인지 재구성 기법이다. 이 방식은 당신의 생각을 액면 그대로 받아들이지 않고 머릿속에 떠오르는 막연한 '의식의 흐름' 정도로 인식하는 것이다. 일찍이 토마스 아퀴나스는 머릿속에 멋대로 떠오르는 생각을 머리 위로 날아다니는 새들에 비유했다. 그 새들을 당신 마음대로 포획할 수 없는 것처럼 그 생각들 또한 당신이 마음대로 통제하지 못한다. 그러니 제멋대로 떠오르는 생각을 날아가는 새 떼 정도로 여기면서 그냥 내버려두라. 그러나 그 새가 당신의 머리 위에다 배설물을 떨어뜨린다면 그때는 적극 대응에 나서야 한다. 다시 말해 그런 생각이 객관적 현실로 나타난다면 그때는 적극 대응하라는 것이다.

당신은 올해 박사 학위를 꼭 따내야 하는 상황이지만 이번 연도에도 가능할지 자꾸 걱정이 된다. 그럴 때, 걱정하는 나 자신을 타인처럼 바라보며 이렇게 말하는 것이다. "흐음, 흥미롭군. 이번에도 내가 학위를 받지 못할 거라고 넌 생각하고 있잖아." 이런 식으로 중얼거리면서 자신을 떨어뜨려놓고 생각하고(인지 분리) 그 생각을 붙잡지 말고 흘려보내는 것이다.

인지 분리에 성공하려면 피질의 사고 과정에서 길을 잃지 않도록 자신에 대한 감각을 개발해야 한다. 당신은 피질의 관찰자가 되어야지, 그것이 생성하는 모든 생각을 덥석 받아주는 사람이 되어서는 안 된다. 생각으로부터 거리를 두는 데 도움을 받으려면, "이런 성가신 생각을 조심할 필요가 있어. 그걸 다 믿을 이유도 없고. 그게 편도체를 활성화할 가능성도 있잖아" 같은 말을 자신을 향해 과감하게 할 수 있어야 한다.

이번 장의 뒷부분에서 논하는 마음챙김 역시 무척 유용하다. 마음챙김은 당신이 선택한 것에 생각을 집중하고, 현실을 반영하지 못하는 생각에 빠져들지 않도록 힘과 기술을 키우는 데 도움이 된다.

대뇌피질은 여러 가지 방식으로 당신이 살아가는 세상의 모습을 창조해 감각을 처리하고, 경험을 통합적으로 지각해 생각할 수 있도록 한다. 또한, 과거의 경험을 되돌아보고 미래를 상상할 수 있게 해준다. 따라서 피질에서 경험하는 정보가 현실과 다르다는 것을 놓치기 쉽다.

강도를 당했을 때 당신이 목격한 것이 완전히 정확하다고 생각하겠지만 법정 재판을 통해 목격자 진술은 오류가 많은 것으로 악명 높다는 것을 알 수 있다. 때때로 우리 눈도 우리를 속일 수 있으며, 이는 다른 감각도 마찬가지다.

우리는 피질(사고 작용)을 통해 세상을 바라보지만, 우리가 깨닫는 것보다 훨씬 많은 일이 세상에서 벌어진다(자외선, 고주파, 저주파 혹은 사람들의 개인적 생각 같은 것들이다). 이것은 피질이 어떻게 존재하지 않는 뭔가를 감지하는지, 실제로 존재하는 것을 인식하지 못하며, 실제로는 말도 안 되는 것을 완벽하게 이해한다고 생각하는지 설명한다. 이런 정보는 살펴볼 필요가 있다.

신경 회로를 바꾸는 대안 생각 떠올리기

피질이 그런 불안한 생각을 만들어낼 때 그것을 그냥 두지 말라. 피질의 생각을 바꾸고 다른 생각으로 초점을 옮길 수 있다. 이렇게 하면 피질의 회로를 바꿀 수 있는 토대가 마련된다. 이번 장의 나머지 부분에서 몇 가지 인지 재구성 기법을 설명하겠다.

인지 재구성 기법의 핵심은 이것이다. 먼저 불안을 일으키는 생각에 대해 의심을 품는다. 이어 그 생각을 객관적 증거로 반박하고, 더 적응력이 높은 새로운 생각, 즉 대안적인 생각(coping thoughts)으로 대체한다. 당신의 머릿속에 자주 떠오르는 불안을 일으키는 생각에 특히 주목하자. 신경 회로는 "가장 분주한 것이 생존한다"라는 원칙으로 운영·강화된다는 것을 기억하라. 따라서 특정 생각을 더 많이 할수록 더욱 강력하고 단단해진다. 불안을 일으키는 생각과 이미지를 중단하기 위해, 반복적으로 새로운 대안 생각으로 그것을 대체해야 한다. 이렇게 하면 당신은 문자 그대로 뇌 회로를 바꿀 수 있다.

대안적 생각은 당신의 감정에 긍정적인 효과를 가져오는 생각이나 진술을 가리킨다. 대안 생각은 차분한 반응을 일으키고 어려운 상황에 대처하게 한다. 몇 가지 사례를 제시한다.

불안 생각	대안 생각
노력해봤자 소용없어. 일이 잘 풀리지 않을 거야	노력할 거야. 적어도 뭔가 달성할 기회는 있는 거잖아.
뭔가 잘못될 거야. 그렇게 느껴져.	무슨 일이 벌어질지 어떻게 알아? 전에도 이런 느낌이 현실과는 달랐잖아.
이런 생각, 의심, 걱정에 계속 신경이 쓰여.	여기에 너무 많은 에너지를 썼어. 이제 다른 것도 좀 생각해봐.
내가 하는 모든 일에서 능숙하고 탁월해야 해.	완벽한 사람이 어디 있어? 때로는 몇 가지 실수도 할 수 있는 거야.
모두가 날 좋아해야 해.	모두가 날 좋아할 순 없지. 날 싫어하는 사람이 있는 게 당연해.
도저히 참을 수가 없군!	세상이 끝난 게 아니야. 살아남아야지.
이게 자꾸만 걱정이 돼.	걱정한다고 뭔가 해결되는 것은 없어. 그냥 속을 뒤집어놓을 뿐이지.
사람들을 실망시키고 싶지 않아.	모두를 즐겁게 하는 건 불가능해. 그냥 있는 그대로 내버려두자고.
이 상황을 감당하기 어려워.	나는 유능한 사람이니까, 상황이 마음에 들지 않더라도 헤쳐나갈 수 있어.

불안할 땐 뇌과학

당신은 불안 생각에 맞서서 대안 생각으로 그것을 대체해나가야 한다. 충분히 노력할 만한 가치가 있다. 어떤 사람들은 늘 기억하려고 그런 대안 생각을 종이에 적어두고 틈틈이 꺼내본다. 기회가 있을 때마다 일부러 떠올려 피질 회로를 재설계하고 피질이 자발적으로 대안 생각을 꺼내도록 유도하는 것이다. 기억하라. 당신은 지금 엉터리 불안·걱정에 집중하는 신경 회로를 바꾸는 중이다.

당신에게 가장 문제가 되는 생각 유형에 집중하라. 예를 들어 당신에게 완벽주의 경향이 있다면 평소 생각에 "반드시", "무슨 일이 있어도" 같은 말이 들어 있는지 살펴보라. 무엇을 "반드시" 성취해야 한다거나, 계획이나 일정에 따라 "무슨 일이 있어도" 뭔가를 해내야 한다고 말한다면 스트레스와 걱정을 자발적으로 불러오는 셈이다. 성과가 완벽하지 않거나 사건이 계획대로 풀리지 않으면, 이런 말들은 규칙을 위반한 것처럼 느끼게 한다.

"나는 반드시 ＿＿를 해야 한다"를 "나는 ＿＿를 하고 싶다"로 바꾸라. 이렇게 하면 반드시 지켜야 하는 규칙을 만들 필요가 없다. 대신, 달성할 수도 있고 못할 수도 있는 목표나 욕구를 표현하는 것이다. 이렇게 여유 있게 생각하면 한결 부담 없고 또 견딜 만하다.

사람들은 생각을 바꾸려고 애쓰면서도 부정적인 생각을 없애지 못해 괴롭다고 불평한다. 이것은 두뇌의 사고 작용에서 기인하는 흔한 문제다. 집착하는 경향이 있다면 이 패턴에 익숙할 것이다. 어떤 생각에 대해 생각하지 말라고 끊임없이 상기시켜 그 생각을 지우면, 그 생각을 저장하는 회로가 활성화되고 더 강해진다. 여러 조사 연구는 생각을 지우려고 하거나 침묵시키려고 하는 것은 효과적인 접근법이 아니라는 것을 보여줬다(웨그너 등 1987).

구체적으로 분홍 코끼리를 생각하지 말라는 요청을 받는다면 설혹 분홍 코끼리를 평소에는 전혀 생각하지 않는다고 해도 당연하게 분홍 코끼리 이미지가 자꾸만 머릿속에 떠오를 것이다. 분홍 코끼리를 그만 생각하려고 노력할수록 오히려 그것을 더 많이 생각한다.

당신은 "멈춰!"라고 분명하게 말함으로써 생각을 중단시킬 수 있다. 이 기법은 생각 멈추기(thought stopping)라고 부른다. 여기서는 그다음 단계가 중요하다. 어떤 대안 생각으로 방금 전 생각을 대체할 수 있으면 그 생각은 자연스럽게 사라진다.

사례76

당신은 정원에서 일하면서 언제든 뱀과 마주칠까 봐 걱정한다. 자신에게 "멈춰!"라고 말하고 다른 것을 생각하기 시작하라. 라디오에서 흐르는 노래도 좋고, 정원에 심으려는 꽃 이름도 좋고, 사랑하는 사람의 생일 선물에 대한 생각도 좋다. 기본적으로 마음을 사로잡고, 이상적으로는 즐거운 것이면 무엇이든 좋다.

불안을 일으키는 생각 대신에 당신을 매혹하는 것으로 대체한다면, 첫 번째 생각으로 돌아가지 않는다. 따라서 불안을 일으키는 생각에 맞서려면, "지우지 마라, 대체하라!"(Don't erase. replace!)가 최고 접근법이다. '나는 이걸 감당할 수 없어' 같은 생각이 떠오른다면 '쉽지 않지만, 어떻게든 이겨낼 거야' 같은 대안 생각으로 교체하는 데 집중하라. 이런 대안 생각을 사용하여 반복적으로 첫 생각을 대체함으로써 더 적응성 높은 생각의 방식을 강화하고 불안으로부터 당신을 보호하는 신경 회로를 활성화한다. 이 방법은 연습이 필요하지

불안할 땐 뇌과학

만 훈련을 거듭할수록 결국에는 하나의 습관으로 정착될 것이다.

당신이 시청 중인 불안 채널을 바꿔라

어떤 사람들은 불안을 유발하는 방식으로 피질을 사용한다. 이들은 끔찍한 사건을 상상하거나 부정적인 시나리오를 만들어내는 데 재능이 있다. 실제로 창의력과 상상력이 뛰어난 사람들은 이런 이유로 불안에 더 취약하다. 삶에 대해 생각하고 사건을 상상하는 방식이 편도체의 주의를 끌고 반응을 유발하는 경우가 많기 때문이다. 재앙을 상상하거나 두려움을 유발하는 방식으로 우뇌 이미지를 사용하는 사람들이 대표적인 사례다.

사례77

피질을 하나의 케이블 텔레비전이라고 상상해보자. 채널이 수백 개나 있음에도 당신은 특정 종류의 불안 채널에 붙잡혀 거길 벗어나지 못하는 상태다. 유감스럽게도 이 채널이 당신의 선호 채널이다. 당신은 스스로 깨닫지도 못하는 상태에서 불안을 일으키는 생각과 이미지에 집중한다.

당신이 정치 프로그램을 즐겨 본다면, 개인적으로 동의하지 않는 정치 평론가가 나오면 논쟁을 벌일 것이다. 머릿속에 떠오르는 생각에 반박하는 것도 따지고 보면 그런 평론가에게 반박하는 것과 비슷하다. 그러나 어떤 생각을 반박하는 데 지나치게 많은 시간을 들여

서는 안 된다. 그러다 보면 계속 그 생각에 집중하게 되고 불안의 기저를 이루는 신경 회로를 본의 아니게 더 강화시키기 때문이다.

사례78

레이철 사례를 보자. 그녀는 최근 취업을 위해 면접을 봤다. 당시 그녀는 면접을 무척 잘 봤다고 느꼈다. 하지만 나중에 자신의 발언 일부를 다시 생각해내고 면접관들에게 그런 말이 어떻게 들렸을지 걱정하기 시작했다. 하루하루 지날 때마다 레이철은 과연 일자리를 얻을 수 있을지 점점 걱정이 들었다. 그녀는 낙담했고 일자리를 얻지 못할 거로 비관적으로 내다봤다. 레이철은 명백히 '불안 채널'을 열심히 시청하는 중이었다.

주목할 것은 면접이 레이철의 진짜 문제가 아니라는 점이다. 그녀는 면접이 채용 가능성에 어떤 영향을 미쳤는지 알 수 없었다. 정말로 문제 되는 것은 불안 채널이었다. 레이철이 이를 인지하고 면접 걱정에 집중하는 대신 다른 일자리를 찾아보거나 새 면접에 대비했더라면 훨씬 더 생산적으로 상황에 대처했을 것이다. 이 면접 경험 덕분에 장차 면접에서 더 나은 모습을 보일 수 있다고 생각했다면 그녀의 태도는 훨씬 더 긍정적으로 향상되었을 것이다. 아무튼 레이철은 다가올 면접에 대한 계획을 생각하면서 다른 곳으로 채널을 바꾸어야겠다고 생각했고, 더는 불안 채널에 사로잡히지 않게 되었다.

레이철은 과거에서 미래로 초점을 옮겨 채널을 바꿨는데, 채널 변경법은 많다. 한 가지는 기분 전환(distraction)으로 관심의 초점을 완전히 다른 곳으로 이동하는 것이다. 기분 전환은 불안 처리에 무척 효과적인 방법이다. 예를 들어 다가올 치과 진료로 인한 스트레스를 생각하는 대신 채널을 바꿔 다른 주제에 집중하는 것이다. 다른 사람과의 대화, 이번 주의 식사 메뉴 혹은 아이나 반려동물과의 놀이에 집중할 수도 있다. 다른 활동이나 생각에 집중하여 주의를 분산하는 것은 불안 채널을 바꾸는 가장 간단한 방법 중 하나다.

기분 전환에서 가장 훌륭한 방법이 놀이다. 불안을 느끼는 수많은 사람이 극도로 심각한 상태에 빠져 있으면서 긴장을 풀고 즐기는 데 어려움을 겪는다. 이런 상황에서 장난기를 기르는 것이 아주 중요하다. 안도감을 찾으려면 장난을 쳐라. 놀이를 즐기고, 농담하고, 바보 같은 행동을 일부러 하는 게 최고의 기분 전환에 해당한다. 유머는 인생의 도전에 대처하는 데 필수적이다.

기분 전환을 활용해 불안 채널을 바꾸면, 어떤 상황에서든 즉시 불안을 줄일 수 있다. 하지만 그 외에도 불안한 생각으로부터 다른 주제로 관심을 돌릴수록, 새 신경 회로를 더욱 크게 활성화할 수 있다. 그렇게 하여 불안을 일으키는 생각이나 이미지에 집중하는 신경 회로 활성화를 억제한다. 가장 많이 사용하는 회로는 가장 강력해지고, 사용하지 않는 회로는 약해져서 활성화 가능성이 낮아진다. 이렇게 하면 불안을 일시적으로 완화하는 데 그치지 않고 피질의 신경 회로를 아예 재설계할 수 있다.

근심 걱정을 계획으로 대체하기

걱정은 가장 유혹적인 피질 기반 과정 중 하나다. 걱정하는 경향이 있는 사람들은 문제, 걱정거리 또는 책임에 대해 생각하고 잠재적인 어려움을 예상하는 데 시간을 투자하는 것이 유익하다고 느낀다. 하지만 지속해서 근심 걱정에 집중하면 편도체가 계속 활성화되는데, 이게 정말 도움이 된다고 생각하는가?

10장에서 이미 논의했듯 근심 걱정에 빠져, 이런저런 부정적인 사건을 계속 상상하고 거기서 벌어질 결과를 생각하는 것은 쉽게 할 수 있지만, 별 도움이 되진 않는다. 건너갈 다리가 아직 나오지도 않았는데 다리가 나올 것을 생각하는 것처럼, 대비할 필요가 아직 없는데도 한참 앞서서 그 일을 걱정하고, 발생하지도 않을 일을 상상하면서 어떻게 반응·해결해야 할지 전전긍긍하면서 많은 시간을 낭비하는 셈이다. 연구자들은 사람들이 부정적인 사건을 계속 생각할 때 사건에 대한 정서적 반응이 더욱 늘어나고, 그런 생각을 하지 않았을 때보다 부정적인 정서가 더 오래 유지된다는 것을 증명했다(베르됭, 판 메헬렌, 투어링크스 2011).

걱정 근심을 미리 하는 성향이라면 그런 생각에 빠지는 대신에 계획을 해보라. 실제로 발생할 상황을 예측한다면 가능한 해결안을 제시하고 그렇지 않다면 다른 생각으로 이동하라. 상황이 실제로 발생하면 준비한 계획을 실행하면 된다. 그전에는 벌어질지 어쩔지 알 수 없는 일을 계속 생각할 필요가 없다.

> **사례79**
>
> 앤의 아들 조이는 곧 생일이 다가왔고, 앤은 고모 재니스가 아들의 생일 파티에 참석한다는 소식을 들었다. 어머니 앤은 최근 고

모와 언쟁을 벌였던 것을 떠올리고 다른 언쟁이 벌어질 것을 걱정하기 시작했다. 그녀는 이어 고모와의 잠재적 충돌에 대한 생각에 빠져들었고, 고모가 제기할 수 있는 다양한 비판을 상상하고 자신이 어떻게 대응해야 할지 곰곰이 생각했다. 앤은 파티에서 재니스가 사람들에게 어떤 식으로 말할지 걱정했고, 관련된 사람에게 대응할 방법을 생각하기 시작했다. 하지만 다행스럽게도 앤은 이전에 겪은 비슷한 일을 떠올렸고 고모에 대한 걱정이 사실은 불안만 더 키운다는 것을 깨달았다. 그녀는 이런 습관 때문에 심지어 벌어지지도 않을 소란을 미리 걱정한다는 것을 인식했다. "이제 그만!"이라고 한 뒤 "내 계획은 파티를 준비하는 거야. 고모는 나중에 대처하면 돼. 그래야만 한다면"이라고 자신에게 말했다.

파티를 여는 날이 되자 앤의 고모는 조이에게 주로 집중했고, 재니스가 생일 파티와 관련하여 앤과 나눈 대화는 주로 자식들의 일상에 관한 것이었다. 결국 앤은 자신이 평소에 걱정하는 성향이 있음을 인지하고 그것을 중단시키면서 계획을 짠 덕분에 불필요한 불안에서 벗어날 수 있었다.

도움이 되는 약물

생각을 바꾸려고 시도할 때 특정 약물이 도움이 될 수 있다. 8장에서 설명한 바와 같이 벤조디아제핀을 복용하는 경우 새 회로가 생성될 가능성이 적기 때문에, 여러 연구에서 벤조디아제핀을 복용하지 않는 사람이 치료 혜택을 많이 받는 것으로 드러났다(이런 연구로는 에디스 등 2006, 아메드, 웨스트라, 스튜어트 2008이 있다). 그에 반해 선택적 세로토닌 재흡수 저해제(SSRI), 세로토닌 노르에피네프린 재흡수 저해제(SNRI)를 포함하여 특정 약물은 생각 패턴을 바꾸려는 사람들에게 무척 유용한데, 이 약들이 새로운 신경 회로 발달을 촉진하기 때문이다.

여기서 정원 가꾸기 비유가 적절하다고 생각한다. SSRI와 SNRI를 복용하는 것은 새로운 성장을 촉진하기 위해 정원에 비료를 주는 것과 비슷하다. 그러면 더 많은 뿌리, 가지, 싹을 보게 된다. 물론 비료를 주면서 주의할 사항도 있는데, 잡초 역시 비료에 반응하여 심지어 더 빠르게 자라기 때문이다. SSRI나 SNRI 치료를 효율적으로 활용하려면, 어떤 신경 패턴을 강화해야 할지 숙고해야 한다. 먼저 이런 약물을 복용할 때 피질에 어떤 것을 가르치고 싶은지 생각해둘 필요가 있다. 이런 약물은 불안한 생각 패턴 수정에 참여한 환자들이 그 패턴을 변화시키려 할 때 가장 유용하다(윌킨슨, 구다이어 2008).

우반구에 활력을 가져다주는 뇌 활용법

우반구가 불안의 원인이라면 좌반구를 더 자주 사용하도록 피질을 재구성하는 것이 도움이 된다. 우반구는 부정적인 감정과 공허함을 전문적으로 처리하는 반면, 좌반구는 관심 있는 것에 접근하는 데 더 집중하므로(데이빗슨 2004) 좌반구 활동을 늘리면 도움이 된다. 재미있는 프로그램 시청, 생각을 자극하는 글 읽기, 게임, 운동 등 좌반구를 활성화할 수 있는 활동을 찾아보라. 이런 모든 활동은 우반구 기반 반응이 우위를 점하는 현상을 완화한다. 명상 또한 좌반구 활동을 증가시키는 것으로 나타났는데, 이 주제는 곧 마음챙김에 대해 논의할 때 다룰 예정이다.

또 다른 접근법은 부정적인 심리 상태와 어울리지 않는 활동에 의도적으로 우반구를 사용하는 것이다. 정신을 고양하는 음악을 듣는 것이 좋은 예다. 비음악인의 경우, 음악은 주로 우뇌에서 처리된다(체계적으로 음악을 배우면 좌반구를 더 많이 사용하게 된다). 좋아하는 음악을 들으면 우반구가 긍정적인 감정 반응에 직접적으로 관여한다. 노래하는 것은 말하는 것보다 더욱 우반구를 활성화한다(제프리스, 프리츠, 브론 2003). 의도적으로 음악을 사용하여 기분을 개선하고, 에너지 수준을 높이고, 부정적인 생각을 대체하는 것은 불안에 저항하는 훌륭한 우반구 접근 방식이다.

긍정적인 이미지 떠올리기 또한 불안과 어울리지 않는 활동에 우반구를 관여시키는 방식이다. 6장에서 서술했듯, 상상 속에서 즐겁고 긍정적인 장소에 와 있는 이미지를 적극 떠올리고, 세부 사항도 정교하고 감각적으로 함께 상상한다면, 우반구를 적극 활성화할 수 있다. 따라서 우반구가 제공할 수 있는 온갖 광경, 소리, 냄새 그리고 신체 감각으로 긍정적인 장면을 상상하도록 하자.

지금 내 앞의 일에 온전히 집중하기

불안은 피질을 장악하고 의식을 지배하며 우리 삶을 붙잡고 질질 끌고 가기도 한다. 하지만 분명 그 불안에 대응하는 방법이 있다. 가령 피질의 움직임을 통해 불안을 잘 살펴본다면? 불안 속에 살면서 그것에 갇혀 있는 게 아니라, 일정한 거리를 두고 불안을 바라볼 수 있다면? 피질을 잘 활용하여 불안을 벗어나서 그것이 의식의 흐름에 불과하다는 것을 이해한다면? 마음챙김은 이것을 가능하게 하는 피질 기반 불안 퇴치법이다.

마음챙김은 지난 수천 년 동안 다양한 전통 사회에서 실천해온 오래된 접근법이다. 그것은 수많은 방식으로 묘사되고 정의된다. 정신과 의사 제프리 브랜틀리는 마음챙김을 "현재 경험을 우호적으로 받아들이고 깊이 인식하는 것"이라고 설명하며, 자신의 책 『불안한 마음 다스리기』(*Calming Your Anxious Mind*, 2007)에서 마음챙김이라는 단순한 기술이 어떻게 불안을 물리칠 수 있는지 설명한다.

불안에 대한 우리의 자연스러운 반응은 도망치려고 하거나, 통제하려고 하거나 혹은 그것에 계속 시달리면서 사로잡히는 것이다. 하지만 마음챙김은 다른 길을 제공하며, 이는 동양의 명상 실천에서 비롯되었다. 마음챙김은 무엇을 느끼든 그것을 개방적인 자세로 받아들이는 접근법이다. 심리학자 스티븐 헤이스가 말했듯, 이런 접근법에서 "유심히 관찰된 '부정적인 생각'은 반드시 부정적인 기능을 하는 것은 아님"을 알 수 있다. 이 접근법은 자상하고 인내심 있는 부모가 아이의 짜증을 관찰하는 것처럼, 불안 반응을 사랑스럽고 인내심 있게 관찰하도록 피질을 훈련하는 것이다. 마치 아이 행동의 모든 측면을 주의 깊게 관찰하고 아이가 진정될 때까지 아무런 반응을 하지 않으면서 인자함을 계속 유지하는 것과 같다.

마음챙김이란 본질적으로 내가 가진 것은 오직 지금 이 순간뿐이라는 것을 이해하고, 지금 경험하는 모든 것을 허용하고 받아들이며 온전히 그 실상을 깨닫는 일에 집중하는 것이다. 지금 이 순간에 살면서 그 순간을 관찰하는 새로운 방법이다.

간단하게 들리지만 연습이 필요하다. 하지만 이 연습은 얼마든지 삶에 녹아들게 할 수 있다. 아침을 먹거나 앞마당에서 들려오는 소리에 귀를 기울이거나 걷기에 집중하거나 심호흡에 집중하는 등 일상적인 경험을 마음챙김을 연습할 기회로 삼는 것이다. 유심히 그런 기회에 주의를 기울일 때 그런 경험이 얼마나 다르게 느껴지는지를 알게 된다. 당신은 또한 진정한 삶을 가로막는 생각 패턴에 얼마나 자주 사로잡혔는지 깨닫게 될 것이다.

> **사례80**
>
> 한 여성은 마음챙김 훈련을 시작했을 때 자신이 지난 몇 년 동안 아침 밥맛을 제대로 느끼지 못했다는 것을 깨달았다. 그리고 마음챙김을 하면서 주변 사물들을 의식했을 뿐만 아니라 밥맛도 제대로 느끼기 시작했다. 식사하는 동안 그날 하루를 온전히 느끼며 시작하는 훈련을 했고 그런 습관이 전혀 다른 하루를 만든다는 것을 깨달았다.

중립적인 일상 경험을 주의 깊게 관찰하는 데 집중하는 법을 배우고 나면 불안에 대한 인식을 전환할 수 있다. 연습을 통해 몸을 이완하고 피질을 훈련하여 판단하지 않는 태도, 즉 불안과 신체적 증상으로 힘들어하는 사람이 아닌 평화롭고 냉정한 관찰자로 살아갈 수 있도록 일어나는 일에 대해 개방적인 태도를 취할 수 있다.

불안에 대한 마음챙김 접근법

불안이 당신을 엄습해오면, 먼저 마음챙김을 연습할 수 있는 조용한 장소를 찾아라. 초점을 신체 경험에 맞추고, 다른 것에 대한 인식은 점차 사라지도록 하라. 주의력이 산만해지면 몸에서 나타나는 불안 경험으로 다시 돌아가라. 예를 들어 아드레날린이 솟구치는 것을 느끼면 그 체험에 주의를 기울이고 그저 그것을 느껴보라.

그 체험은 얼마나 강렬한가? 신체의 어떤 부분이 영향을 받는가? 어떤 감각을 느꼈는가? 시간이 흐르며 감각은 어떻게 변했는가? 신체를 살피면서 불안 징후가 있는지 눈여겨보라. 덜덜 떨리는가? 양쪽 다리가 움직이려고 하는가? 뭔가 말하려는 혹은 뭔가를 포기하려는 충동이 느껴지는가?

충동에 따라 곧바로 행동에 나서지 말고 그 충동을 의식하고, 관찰하며 그런 충동에 따라 어떤 일이 벌어지는지 관찰하라. 마찬가지로 마음에 떠오르는 여러 생각에 주목하라. 그런 의식의 흐름은 분석할 필요가 없으며, 흘러가도록 내버려두면 된다. 스스로 판단하지 말고, 그저 세심하게 관찰만 하라. 불안을 정상적인 과정으로 받아들여라. 불안과 싸우거나 부추기지 말고 시간이 지남에 따라 변화해가는 불안을 그대로 경험하라. 그냥 관찰만 하라.

이런 식으로 한 달 정도 불안에 대응하는 마음챙김 훈련을 하라. 불안을 관찰할 수 있는 시간이 날 때마다 그렇게 하라. 불안 반응의 다양한 요소에 집중함으로써 불안에 대한 마음챙김을 사용하는 능력을 더욱 발전시킬 수 있다. 예를 들어, 한 번은 호흡이 어떻게 영향을 받는지, 다른 한 번은 심장에, 다른 한 번은 생각에 집중하는 등의 방법을 택할 수 있다. 이러한 접근 방식을 취할 때 불안에 대한 감각이 어떻게 변화하는지 주목하라.

통제를 포기하면 뇌가 살길을 찾는다

　　편도체 기반 반응이 일단 작동하면 피질은 그것을 직접적으로 통제할 수 없다. 하지만 마음챙김을 사용하여 편도체에 휩쓸리지 않고 관찰하면 편도체 반응을 통제할 필요가 없다. 불안 반응에 마음챙김으로 접근하면 피질은 상황 통제 목표를 포기하고 단순히 불안이 일어나는 것을 내버려둔다. 이처럼 불안 경험을 있는 그대로 받아들이는 것이 불안에 맞서는 궁극적인 해법이다.[14]

　　불안의 위력은 대부분 불안을 멈추기 위해 벌이는 지속적인 투쟁에서 비롯된다. 불안은 그렇게 하여 당신의 삶에 엄청난 통제권을 행사하려 한다. 불안 경험을 마주할 때 그것이 그저 스스로 지나갈 것을 알고 그냥 받아들이면 실제로는 더 빠르게 지나간다. 불안에 대해 걱정하면서 어떻게든 없애려는 반응을 보이면 오히려 불안을 이어가게 하므로 그렇게 하지 말라. 불안으로 인한 불편함은 불안과 싸우며 그 불안이 사라지기를 바라는 데서 비롯된다. 이상하게 들리겠지만, 불안 통제 시도를 포기하면 실제로 뇌를 더 잘 통제할 수 있다.

　　연구에 따르면 마음챙김 및 명상을 하는 사람들 뇌에는 놀라운 변화가 일어난다. 현재 순간의 불안을 줄일 수 있을 뿐만 아니라(자이단 등 2013), 대뇌피질에서 지속적인 변화를 경험하여 불안에 대한 저

14　불안한 생각이 들면 대뇌피질의 신경 회로는 원인을 알아내려 하고, 그 원인이 별로 근거 없는 것임을 당사자에게 설득하여 불안을 제거하려 하지만, 그 불안이 원래 근거 없는 것이므로 논리적 설득은 오히려 역효과를 낸다. 불안한 생각(의식의 흐름)이 발생하면 그냥 흘러가도록 내버려두는 것이 불안에 맞서는 궁극적 해법이라는 뜻이다.

항력을 키울 수 있다. 마음챙김을 경험한 사람들은 편도체 반응이 변한 게 아니라 피질이 편도체의 반응에 휘말리지 않게 되었다고 이해한다(프롤리저 등 2012). 마음챙김을 통해 피질이 완전히 새로운 방식으로 불안에 반응하도록 훈련할 수 있다. 신경 영상 연구에 따르면 편도체와 직접적으로 연결된 피질의 일부인 복내측전전두피질과 전대상피질은 마음챙김 명상을 통해 활성화되는 피질의 일부다(자이단 등 2013). 이러한 결과는 마음챙김 접근법이 불안 진정과 밀접하게 연결된 피질 일부를 재구성하는 데 도움이 될 수 있음을 보여준다.

마음챙김 훈련으로 피질이 불안에 반응하는 방법을 바꿀 수 있다. 마음챙김에 대한 훈련을 제공하는 훌륭한 책과 자료가 많으며, 그중 일부는 불안에 초점을 맞추고 있다(부록에 있는 〈관련 자료〉를 참고하라).

요약: 불안은 해결하는 것이 아니라 받아들이는 것

이 장에서는 피질이 새로운 방식으로 불안에 반응하도록 돕는 몇 가지 접근법을 설명했다. 이러한 접근법을 사용하여 피질을 재구성하면 자신이 원하는 방식으로 살아가는 능력이 점점 더 커진다. 마음챙김을 사용하면 피질이 불안을 받아들이도록 도울 수 있다. 이 모든 기술은 불안에 저항하는 삶을 사는 데 도움이 된다. 이제 이 책에서 지금껏 학습한 모든 사항을 종합하는 일만 남았고, 그것은 〈나가는 글〉에서 다룬다.

불안 없는 삶, 가능하다

이 책으로 불안과 관련된 두뇌 과정을 이해하고, 원하는 방식으로 삶을 살아가는 데 도움이 되었기를 바란다. 편도체에서 불안이 어떻게 생성되는지, 피질 경로가 불안에 기여하는 방식을 이해하면, 불안을 의식적으로 완전히 통제할 수는 없음을 알 수 있다. 뇌가 불안을 경험하도록 설계되었다는 사실은 바꿀 수 없다. 하지만 그 불안에 대처하는 방법을 배울 수는 있다. 또한, 여러 연구에서 입증된 신경유연성은 불안 경험을 바꾸기 위해 뇌를 재구성하는 문을 열어준다.

불안의 일부를 의식적으로 통제할 수 없더라도, 불안이 내 삶을 통제하도록 두어야 한다는 의미는 아니다. 불안에서 완전히 벗어난 삶을 살 수는 없지만, 편도체 기반 전략과 피질 기반 전략을 모두 사용하여 불안이 삶에 미치는 영향을 줄일 수 있다. 새 경험을 제공하여 편도체에 배선을 다시 연결하는 방법을 알게 되었다.

일단 불안 반응이 시작되면 시간이 너무 촉박하여 그 진행 과정을 멈출 수 없다. 그래서 이것을 사전에 차단하기 위하여, 편도체 영향을 억제하기 위한 편도체 기반 전략을 선택하는 법을 배웠고, 또 불안을 억지로 통제하고 싶은 욕구를 포기하도록 도와주는 피질 기반 전략도 익혔다. 또한, 마음챙김과 수용의 힘과 잠재력에 대해서도 배웠다.

편도체의 역할과 피질의 영향에 대한 새로운 이해는 불안의 원인을 파악하는 데 도움이 되는 값진 지식이다. 이제 새로운 사고와 해석 방식을 습관화할 때까지 연습하여 피질에 새로운 연결을 만들어가면 된다.

어디서부터 시작할까

이 책에서 수많은 전략이 제시되어 있으므로 어디서부터 시작해야 하는지 궁금할 것이다. 가장 좋은 시작은 편도체 활성화를 억제하여 그것을 사전에 진정시키는 데 집중하는 것이다.

우선 이완 전략을 가지고 시작하라. 교감 신경계를 억제하면서 부교감 신경계를 활성화하기 위해 호흡을 늦추고 근육을 이완하는 기술을 익혀라(6장). 또한, 편도체를 진정시키기 위해 긍정적인 이미지, 운동, 수면 그리고 음악 등의 수단을 활용하라(6, 9, 11장). 전반적인 불안 수준을 낮추고, 몸 긴장 이완하기가 제2의 천성이 될 때까지 다양한 이완 전략을 삶에 통합시켜라. 그리하여 이완 전략을 매일 반복적으로 실천하라.

이 모든 접근법은 편도체의 일상적 기능에 무척 빠른 변화를 가져온다. 특정 상황이나 사건에 편도체가 무조건적으로 반응하는 속도를 늦추어 불안이 곧바로 일어나는 강도를 줄여줄 것이다.

다음으로, 필요에 따라 피질 기반 전략에 주의를 집중한다. 10장을 검토하여 자신에게 가장 문제가 되는 불안을 유발하는 생각 유형을 상기하고, 11장에 설명된 접근법을 사용하여 이러한 생각에 대처하라. 대부분 상황에서 보다 생산적이고 불안에 저항하는 방식으로 생각할 수 있을 때까지 생각을 모니터링하고 수정하는 연습을 하라. 이 과정에서 특정 약물이 도움이 될 수도 있다.

삶의 목표를 늘 명심하라. 때때로 당신의 목표를 상기시키거나 새로운 목표를 확인하기 위해 〈들어가는 글〉 끝부분에 있는 훈련을 다시 읽어 보라. 불안 때문에 목표 추구가 좌절되는 상황을 세심하게 살펴라. 이 책은 그런 목표를 성취하도록 돕고자 한다.

불안이나 강박이 목표를 가로막는 상황에서 불안 유발 요인(트리거)을 파악하고(7장), 이어 불안의 부정적이고 나쁜 영향을 점차 줄이는 방법인 노출 요법으로 트리거를 공격하라(8장). 편도체에서 배선 재구성이 일어났다는 신호로 두려움이 감소하는 것을 느낄 때까지 각 문제 유발 상황에 노출을 사용하라. 노출 연습으로 스트레스가 시작되면 편도체가 학습하기 위해 편도체를 활성화해야 한다는 사실을 상기하라. 불안을 경험하지 않으면 새로운 관계를 맺을 수 없다. 노출 과정에서 목표를 방해하는 요인에 대한 불안감을 덜 느끼기 시작하면 자기 삶을 더 잘 통제할 수 있게 된다.

불안을 줄이기 위해 뇌를 재구성하는 과정은 점진적으로 진행되지만, 뇌는 당신이 제공하는 경험과 당신이 길러온 사고 패턴에 적응하며 새 회로를 구축하게 될 것이다. 약간의 좌절을 경험하겠지만, 이러한 전략을 사용하면서 점차 삶을 주도하는 능력이 향상되는 것을 느낄 것이다.

간단히 요약하자면 다음과 같은 순서를 권한다.

1. 교감 신경계 활성화를 억제하기 위해 이완, 수면, 운동을 활용하라.
2. 당신의 생각 중에 불안을 일으키는 생각은 없는지 감시하라.
3. 불안을 일으키는 생각을 대안 생각으로 교체하라.
4. 삶의 목적을 확인하고 무엇이 그런 목적을 방해하는지 파악하라.
5. 목표를 방해하는 공포와 불안 트리거를 알아내라.
6. 이런 트리거에 대한 편도체 반응을 수정하도록 노출 훈련을 설계하라.
7. 불안과 공포가 줄어드는 것을 감지할 때까지 노출 훈련을 실천하라.

결심 강화하기

이 책에 설명된 접근 방식이 부담스러워 보일 수 있지만, 단계별로 세분화하면 충분히 관리할 수 있는 수준이다. 각 단계를 수행할 때마다 개선된 부분을 보면서, 용기가 생길 것이다.

궁극적인 목표는 뇌를 재구성하는 것이므로 각 단계를 수행할 때마다 뇌에서 어떤 일이 일어나는지 염두에 두는 것이 중요하다. 사용하는 모든 전략은 뇌에 중요한 메시지를 전달하며, 이를 반복하면 뇌는 적응한다.

진행 중인 연습이 언제 끝나는지 너무 아득하다고 생각하며 지레 겁먹지 마라. 간단한 산수에서 운동 경기에 이르기까지 모든 노력에서 탁월한 결과를 거두려면 그런 반복적인 실천이 꼭 필요하다. 차근차근 자기 삶을 책임지는 방법을 익혀 나가야 한다. 물론 이 과정에서 난관도 만나게 된다. 다음의 네 가지 조언은 결의를 굳게 다지는 데 도움을 줄 것이다.

1. 불안 속에서도 행동하라

두려움에 맞서 행동을 취한다는 것은 말처럼 쉬운 일이 아니다. 하지만 불안 경험을 바꾸고 뇌를 재구성하려면 용기가 필요하다. 용기는 두려움에도 불구하고 행동하는 것임을 기억하라.

당신은 이 책에서 불안에 관하여 많은 것을 배웠다. 그것은 복합적인 신경학적 과정에 기반을 둔 복잡하고, 다면적인 감정이다. 불안에 대해 당신이 지금 알고 있는 것의 일부조차 이해하지 못하는 사람들을 만나게 될 것이다. 그들의 판단에 좌절하지 말라. 사람들은 당신이 삶에서 느끼는 좌절과 불안공포증을 모를 수도 있다.

비유하자면, 당신이 홈 베이스에 도달하려면 단지 4루가 아니라 6~7루를 달려야 한다는 것을 모를 수도 있다. 그래서 당신이 그들과 함께 놀러나가는 일이 느긋한 저녁 나들이가 아니라, 온몸의 진을 빼는 엄청난 일이라는 것을 눈치채지 못한다. 그러니 불안과 싸우면서 성취할 수 있는 것을 인정하고 그에 대한 자부심을 가지고 계속 앞으로 나아가라.

2. 하루에 한 번 혹은 일 분에 하나씩 해나가라

당신은 '하루 한 번'이라는 신념으로 날마다 살아가야 한다. 미래에 일어날 수도 있고 아닐 수도 있는 일이 아니라 현재에 집중하는 것을 의미한다. 현재에 집중하면 눈앞에 놓인 과제에 집중할 수 있는 정신적 에너지를 절약할 수 있다. 과거 스트레스를 받았던 사건을 떠올리며 끔찍한 미래 시나리오를 상상하면서 불안 채널에 머무르고 싶은 이유가 있는가? 인생 방송국에는 그 채널 말고도 무수히 많은 채널이 송출되고 있음을 기억하라. 그 채널을 돌려보겠다고 마음먹으면 된다. 불안 채널에 집중하다 보면 인생 최고의 경험을 놓칠 수 있다. 모든 일이 그렇듯이 시작이 반이다.

스트레스를 받는 상황에서는 한 번에 1분만 집중하는 것이 큰 도움이 된다.[15] 때로는 특정 순간을 견디는 것이 우리가 감당할 수 있는 전부일 수도 있다. 한 번에 한 가지 상황만! 이런 식의 집중 대응

---

15 한 번에 1분씩이라는 말은 "당신은 지금 이 순간을 살 뿐이다"(You just live for the moment)라는 말과 일맥상통한다. 지금 이 순간에 집중하는 것은 배고프면 밥 먹고 잠 오면 잠을 자고, 사람을 만나야 한다면 만나라는 선불교의 가르침과도 통한다. 한 번에 1분씩 삶을 견뎌 나가라는 주문은 특히 강박불안증 환자에게 유익한 조언이다. 불안환자는 자기 불안을 침소봉대하여 불안한 생각이나 감정을 단 1분도 견뎌내지 못한다. 그러나 그것을 1분 단위로 견뎌내면 그다음 1분은 더 수월하게 견딜 수 있다. 이렇게 하여 불안에 맞서 싸우면서 편도체를 학습시켜 그 조직 내에 새로운 신경 회로를 구축할 수 있다.

불안할 땐 뇌과학

은 아주 합리적인 대응 방식이다. 다행히도 인생은 한 번에 1분씩, 아니 한 번에 1초씩 우리에게 주어진다. 과거는 지나갔고 미래는 아직 오지 않았다. 우리가 확실히 알 수 있는 것은 지금 이 순간의 1초, 1분뿐이다. 우리가 진정으로 필요한 것은 각각의 1분을 무사히 통과하는 것이다. 특히 불안과 정면으로 맞설 때는 더욱 그렇다. 때때로 불안환자에게는 몇 분을 버텨내는 것만으로도 성취감을 느낄 수 있다. 한 번에 1분 단위로 현재 삶에 집중한다면 삶은 다루기가 훨씬 더 쉬워진다.

3. 긍정적인 것에 집중하라

당신의 삶은 다양하면서도 무수한 순간들로 구성된다. 당신이 뇌에 긍정적인 경험을 집중시키고 그것을 즐기는 방법을 가르쳐줄 수 있다면, 그 덕분에 전반적으로 더 행복을 느끼게 된다. 즐거움과 아름다움으로 가득한 순간이 다가오면 거기에 집중하고, 그런 경험을 계속 붙잡아라. 놀이 정신을 길러라. 당신이 사랑하는 것을 소중히 여겨라. 궁극적으로 사랑은 공포보다 강하다.

인생에서 좌절은 찾아오지만, 이는 종종 한계를 시험하고 있다는 신호일 뿐이다. 물론 배는 항구에 정박해 있으면 더없이 안전하지만, 항구에만 머물도록 만든 것이 아니다. 한 번도 좌절을 겪지 않았다면 목표를 너무 높게 설정하지 않았을 가능성이 높다. 어쨌든 지나간 좌절 경험을 곱씹으며 깊이 파고들 필요는 없다. 삶을 유심히 살펴보면 얼마든지 아름다움과 즐거움을 찾을 수 있다. 모든 행복한 순간을 의식적으로 경험하고 그 특별한 순간에서 얻는 기쁨을 느껴보

라. 그런 식으로 생각을 어떤 목적에 집중하면 뇌에 강력한 영향을 미친다. 삶의 긍정적이고 아름답고 즐거운 측면에 뇌를 집중하라. 결과적으로 더 행복해질 것이다.

4. 불안은 극복 가능한 감정이다

당신은 불안을 더 잘 느끼는 뇌를 갖고 태어났을 수도 있고, 아니면 살면서 축적된 경험 때문에 남보다 불안을 쉽게 느낄 수도 있다. 그런 불안의 원인과 배경이 무엇이든 간에, 당신은 거기에 적절히 대처할 수 있다. 설혹 뇌에서 불안 통로가 활성화되었더라도 그런 반응을 바꾸고 시간을 들여 뇌를 재설계할 수 있다. 문제의 핵심은 긍정적인 것에 집중하고 불안이 당신을 제멋대로 통제하도록 하지 않는 것이다.

당신이 이 책에서 얻은 지식은 지금까지보다 더 효과적으로 불안을 관리하는 데 도움을 줄 것이고, 점차 두뇌의 신경 회로를 재설계하여 불안 감정을 완화하거나 아예 해소할 것이다. 이 여정이 당신에게 안도감과 격려, 기쁨을 가져다주길 바란다. 당신은 그런 대접을 받을 자격이 충분한 사람이다!

감사의 글

그동안 내가 인생에서 만난 많은 사람의 도움과 지지가 없었다면 이 책을 쓸 수 없었을 것이다. 이 자리를 빌려 감사의 말씀을 드린다.

공저자인 엘리자베스 리사 칼은, 다양한 방식으로 내 삶을 풍요롭게 해주었고, 그녀가 없었더라면 상상하지도 못했을 다양한 시도를 함께 할 수 있게 했다. 그녀는 불안에 직면했을 때 용기 있게 맞서 싸웠고, 삶이 자신에게 요구하는 모든 것을 인내했으며, 높은 기준으로 나아가며 자신을 다잡는 결의로 날마다 나를 놀라게 했다.

나의 두 딸 아리아나와 멜린다에게도 감사한다. 편도체와 피질에 관한 토론을 하던 지난 몇 년은 말할 것도 없고 노트북으로 집필 작업을 하던 나를 참고 견뎌주었다. 연구와 집필을 하며 보내던 무수한 밤에도 내가 얼마나 그들을 사랑하는지 알아줬으면 한다.

지난 30년 동안 내 환자였던 분들에게도 감사한다. 나는 그들로부터 많은 것을 배웠고, 그들이 뇌를 재구성하고 자신의 꿈을 따라 삶을 변화시키는 과정에서 감탄을 금치 못했다. 그들은 불안이나 뇌 손상으로 인한 어려움에 굴하지 않고 자신이 원래 의도했던 사람이 되고자 끊임없이 싸웠다.

신경 심리학자이자 친한 친구인 윌리엄 영스는 지난 25년 동안 매주 점심 식사를 함께하며 풍성한 지식을 나누어 주는 것은 물론이고 따뜻한 격려도 아끼지 않았다. 이 책을 집필하는 동안에도 귀중한 논평과 제안을 무수히 해주었다.

업무 비서이자 친구인 캐시 바움가트너는 내가 학과장을 맡는 동안 심리학부가 순조롭게 운영되도록 지원했고, 최근 몇 달 동안 도서관에서 귀중한 시간을 보낼 수 있도록 해줬다. 재능이 뛰어나고 유머 감각 풍부한 그녀가 내 곁에 있어 주어 얼마나 운이 좋은지 모른다.

세인트 메리 대학에서 심리학을 전공하고 심리학부에서 학생 조교를 맡고 있는 서맨사 말리는 시험 채점에 도움을 주었을 뿐만 아니라 이 책에 쓰인 수많은 참조 문헌을 찾아주기도 했다. 서맨사는 졸업 논문을 제출한 뒤에, 내게 필요한 참조 문헌들을 적시에 가져다 주어 집필에 큰 도움을 주었다!

캐서린

어떤 것이 되었든 정신병으로 고통받는다는 것은 심각한 문제다. 일상생활에 영향을 미칠 뿐만 아니라 인생 계획의 궤도까지 바뀌기도 한다. 종종 그런 영향은 거기서 그치지 않는다. 불안과 기타 장애가 좋아졌다 나빠지기를 반복하면서 가족, 친구 그리고 동료에게도 영향을 미치기 때문이다. 우리는 이 책이 독자와 주변 사람들을 도와 그런 도전적인 문제를 극복하는 데 도움을 주는 통찰력과 정보를 제공하길 바란다. 아울러 우리의 경험과 지식을 독자와 공유할 수 있도록 기회를 허락한 뉴 하빈저 출판사에 감사한다.

개인적으로 항상 주위에서 함께해준 사람들에게 감사 표시를

불안할 땐 뇌과학

하고 싶다. 무한한 사랑을 보여준 부모님과 형제자매, 언제나 날 놀라게 하는 캐럴, 매일 기지와 지혜를 보여주는 세이지, 참을성 있게 지원을 아끼지 않은 세인트 메리 대학의 재닛과 동료들, 다른 누구보다도 이해력이 뛰어난 토니린, 두뇌학의 대가인 빌, 적절한 때 적절한 곳에 있는 내 좋은 친구 쥐세페 카파니 그리고 당연히 나와 의미 있는 꿈과 무모한 모험을 공유한 캐서린에게도 감사한 마음이다.

마지막으로 조카들에게 특별히 감사를 전하고자 한다. 아이들이 주는 무한한 기쁨과 애정은 삶의 풍경을 더욱 아름답고 보람차게 한다. 자, 나아가자. "무한한 공간 저 너머로!"

엘리자베스

10장과 11장에서 언급했듯 피질 기반 방법을 통해 불안을 완화하기 위한 인지 행동 및 마음챙김 접근법을 설명하는 많은 자기계발서가 있다. 다음은 몇 가지 추천 도서이다.

인지 행동적 접근법

Anxiety and Avoidance: A Universal Treatment for Anxiety, Panic, and Fear, by Michael Tompkins

The Anxiety and Worry Workbook: The Cognitive Behavioral Solution, by David Clark and Aaron Beck

The Cognitive Behavioral Workbook for Anxiety: A Step-by-Step Program, by William J. Knaus

The PTSD Workbook: Simple, Effective Techniques for Overcoming Traumatic Stress, by Mary Beth Williams and Soili Poijula

Prisoners of Belief: Exposing and Changing Beliefs That Control Your Life, by Matthew McKay and Patrick Fanning

Stop Obsessing! How to Overcome Your Obsessions and Compulsions, by Edna Foa and Reid Wilson

When Perfect Isn't Good Enough: Strategies for Coping with Perfectionism, by Martin Antony and Richard Swinson

마음챙김 접근법

Calming the Rush of Panic: A Mindfulness-Based Stress Reduction Guide to Freeing Yourself from Panic Attacks and Living a Vital Life, by Bob Stahl and Wendy

Millstine

Calming Your Anxious Mind: How Mindfulness and Compassion Can Free You from Anxiety, Fear, and Panic, by Jeffrey Brantley

The Mindfulness and Acceptance Workbook for Anxiety: A Guide to Breaking Free from Anxiety, Phobias, and Worry Using Acceptance and Commitment Therapy, by Georg Eifert and John Forsyth

A Mindfulness-Based Stress Reduction Workbook for Anxiety, by Bob Stahl, Florence Meleo-Meyer, and Lynn Koerbel

The Mindfulness Code: Keys for Overcoming Stress, Anxiety, Fear, and Unhappiness, by Donald Altman

Mindfulness for Beginners: Reclaiming the Present Moment—and Your Life, by Jon Kabat-Zinn

The Mindfulness Workbook for OCD: A Guide to Overcoming Obsessions and Compulsions Using Mindfulness and Cognitive Behavioral Therapy, by Jon Hershfield and Tom Corboy

The Mindful Path Through Worry and Rumination: Letting Go of Anxious and Depressive Thoughts, by Sameet Kumar

The Mindful Way Through Anxiety: Break Free from Chronic Worry and Reclaim Your Life, by Susan Orsillo and Lizabeth Roemer

Things Might Go Terribly, Horribly Wrong: A Guide to Life Liberated from Anxiety, by Kelly Wilson and Troy DuFrene

The Worry Trap: How to Free Yourself from Worry and Anxiety Using Acceptance and Commitment Therapy, by Chad LeJeune

참고 문헌

Addis, M. E., C. Hatgis, E. Cardemile, K. Jacob, A. D. Krasnow, and A. Mansfield. 2006. "Effectiveness of Cognitive-Behavioral Treatment for Panic Disorder Versus Treatment as Usual in a Managed Care Setting: 2-Year Follow-Up." *Journal of Consulting and Clinical Psychology* 74:377–385.

Ahmed, M., H. A. Westra, and S. H. Stewart. 2008. "A Self-Help Handout for Benzodiazepine Discontinuation Using Cognitive Behavior Therapy." *Cognitive and Behavioral Practice* 15:317–324.

Amano, T., C. T. Unal, and D. Paré. 2010. "Synaptic Correlates of Fear Extinction in the Amygdala." *Nature Neuroscience* 13:489–495.

Anderson, E., and G. Shivakumar. 2013. "Effects of Exercise and Physical Activity on Anxiety." *Frontiers in Psychiatry* 4:1–4.

Armony, J. L., D. Servan-Schreiber, J. D. Cohen, and J. E. LeDoux. 1995. "An Anatomically Constrained Neural Network Model of Fear Conditioning." *Behavioral Neuroscience* 109:246–257.

Barad, M. G., and S. Saxena. 2005. "Neurobiology of Extinction: A Mechanism Underlying Behavior Therapy for Human Anxiety Disorders." *Primary Psychiatry* 12:45–51.

Bequet, F., D. Gomez-Merino, M. Berhelot, and C. Y. Guezennec. 2001. "Exercise-Induced Changes in Brain Glucose and Serotonin Revealed by Microdialysis in Rat Hippocampus: Effect of Glucose Supplementation." *Acta Physiologica Scandinavica* 173:223–230.

Bourne, E. J., A. Brownstein, and L. Garano. 2004. *Natural Relief for Anxiety: Complementary Strategies for Easing Fear, Panic, and Worry.* Oakland, CA: New Harbinger.

Brantley, J. 2007. *Calming Your Anxious Mind*, 2nd ed. Oakland, CA: New Harbinger.

Broman-Fulks, J. J., and K. M. Storey. 2008. "Evaluation of a Brief Aerobic Exercise Intervention for High Anxiety Sensitivity." *Anxiety, Stress, and Coping* 21:117–128.

Broocks, A., T. Meyer, C. H. Gleiter, U. Hillmer-Vogel, A. George, U. Bartmann, and B. Bandelow. 2001. "Effect of Aerobic Exercise on Behavioral and Neuroendocrine

불안할 땐 뇌과학

Responses to Meta- chlorophenylpiperazine and to Ipsapirone in Untrained Healthy Subjects." *Psychopharmacology* 155:234–241.

Busatto, G. F., D. R. Zamignani, C. A. Buchpiguel, G. E. Garrido, M. F. Glabus, E. T. Rocha, et al. C. 2000. "A Voxel-Based Investigation of Regional Cerebral Blood Flow Abnormalities in Obsessive-Compulsive Disorder Using Single Photon Emission Computed Tomography (SPECT)." *Psychiatry Research: Neuroimaging* 99:15–27.

Cahill, S. P., M. E. Franklin, and N. C. Feeny. 2006. "Pathological Anxiety: Where We Are and Where We Need to Go." In *Pathological Anxiety: Emotional Processing in Etiology and Treatment*, edited by B. O. Rothbaum. New York: Guilford.

Cain, C. K., A. M. Blouin, and M. Barad. 2003. "Temporally Massed CS Presentations Generate More Fear Extinction Than Spaced Presentations." *Journal of Experimental Psychology: Animal Behavior Processes* 29:323–333.

Cannon, W. B. 1929. *Bodily Changes in Pain, Hunger, Fear, and Rage*. New York: Appleton.

Claparede, E. 1951. "Recognition and 'Me-ness.'" In *Organization and Pathology of Thought*, edited by D. Rapaport. New York: Columbia University Press.

Compton, R. J., J. Carp, L. Chaddock, S. L. Fineman, L. C. Quandt, and J. B. Ratliff. 2008. "Trouble Crossing the Bridge: Altered Interhemispheric Communication of Emotional Images in Anxiety." *Emotion* 8:684–692.

Conn, V. S. 2010. "Depressive Symptom Outcomes of Physical Activity Interventions: Meta-analysis Findings." *Annals of Behavioral Medicine* 39:128–138.

Cotman, C. W., and N. C. Berchtold. 2002. "Exercise: A Behavioral Intervention to Enhance Brain Health and Plasticity." *Trends in Neurosciences* 25:295–301.

Crocker, P. R., and C. Grozelle. 1991. "Reducing Induced State Anxiety: Effects of Acute Aerobic Exercise and Autogenic Relaxation." *Journal of Sports Medicine and Physical Fitness* 31:277–282.

Croston, G. 2012. *The Real Story of Risk: Adventures in a Hazardous World*. Amherst, NY: Prometheus Books.

Davidson, R. J. 2004. "What Does the Prefrontal Cortex 'Do' in Affect: Perspectives on Frontal EEG Asymmetry Research." *Biological Psychology* 67:219–233.

Davidson, R. J., and S. Begley. 2012. *The Emotional Life of Your Brain: How Its Unique Patterns Affect the Way You Think, Feel, and Live—and How You Can Change Them*. New York: Hudson Street Press.

DeBoer L., M. Powers, A. Utschig, M. Otto, and J. Smits. 2012. "Exploring Exercise as an Avenue for the Treatment of Anxiety Disorders." *Expert Review of Neurotherapeutics* 12:1011–1022.

Delgado, M. R., K. I. Nearing, J. E. LeDoux, and E. A. Phelps. 2008. "Neural Circuitry Underlying the Regulation of Conditioned Fear and Its Relation to Extinction." *Neuron* 59:829–838.

Dement, W. C. 1992. *The Sleepwatchers*. Stanford, CA: Stanford Alumni Association.

Desbordes, L. T., T. W. W. Negi, B. A. Pace, C. L. Wallace, C. L. Raison, and E. L. Schwartz. 2012. "Effects of Mindful-Attention and Compassion Meditation Training on Amygdala Response to Emotional Stimuli in an Ordinary, Non-meditative State." *Frontiers in Human Neuroscience* 6, article 292.

Dias, B., S. Banerjee, J. Goodman, and K. Ressler. 2013. "Towards New Approaches to Disorders of Fear and Anxiety." *Current Opinion on Neurobiology* 23:346–352.

Doidge, N. 2007. *The Brain That Changes Itself: Stories of Personal Triumph from the Frontiers of Brain Science*. New York: Penguin.

Drew, M. R., and R. Hen. 2007. "Adult Hippocampal Neurogenesis as Target for the Treatment of Depression." *CNS and Neurological Disorders—Drug Targets* 6:205–218.

Dunn, A. L., T. G. Reigle, S. D. Youngstedt, R. B. Armstrong, and R. K. Dishman. 1996. "Brain Norepinephrine and Metabolites After Treadmill Training and Wheel Running in Rats." *Medicine and Science in Sports and Exercise* 28:204–209.

Dwyer, K. K., and M. M. Davidson. 2012. "Is Public Speaking Really More Feared Than Death?" *Communication Research Reports* 29:99–107.

Engels, A. S., W. Heller, A. Mohanty, J. D. Herrington, M. T. Banich, A. G. Webb, and G. A. Miller. 2007. "Specificity of Regional Brain Activity in Anxiety Types During Emotion Processing." *Psychophysiology* 44:352–363.

Fagard, R. H. 2006. "Exercise Is Good for Your Blood Pressure: Effects of Endurance Training and Resistance Training." *Clinical and Experimental Pharmacology and Physiology* 33:853–856.

Feinstein, J. S., R. Adolphs, A. Damasio, and D. Tranel. 2011. "The Human Amygdala and the Induction and Experience of Fear." *Current Biology* 21:34–38.

Foa, E. B., J. D. Huppert, and S. P. Cahill. 2006. "Emotional Processing Theory: An Update." In *Pathological Anxiety: Emotional Processing in Etiology and Treatment*, edited by B. O. Rothbaum. New York: Guilford.

Froeliger, B. E., E. L. Garland, L. A. Modlin, and F. J. McClernon. 2012. "Neurocognitive Correlates of the Effects of Yoga Meditation Practice on Emotion and Cognition: A Pilot Study." *Frontiers in Integrative Neuroscience* 6:1–11.

Goldin, P. R., and J. J. Gross. 2010. "Effects of Mindfulness-Based Stress Reduction (MBSR) on Emotion Regulation in Social Anxiety Disorder." *Emotion* 10:83–91.

Greenwood, B. N., P. V. Strong, A. B. Loughridge, H. E. Day, P. J. Clark, A. Mika, et al. 2012. "5-HT2C Receptors in the Basolateral Amygdala and Dorsal Striatum Are a Novel Target for the Anxiolytic and Antidepressant Effects of Exercise." *PLoS One* 7:e46118.

Grupe, D. W., and J. B. Nitschke. 2013. "Uncertainty and Anticipation in Anxiety: An Integrated Neurobiological and Psychological Perspective." *Nature Reviews Neuroscience*

불안할 땐 뇌과학

14:488–501.

Hale, B. S., and J. S. Raglin. 2002. "State Anxiety Responses to Acute Resistance Training and Step Aerobic Exercise Across Eight Weeks of Training." *Journal of Sports Medicine and Physical Fitness* 42:108–112.

Hayes, S. C. 2004. "Acceptance and Commitment Therapy and the New Behavior Therapies." In *Mindfulness and Acceptance: Expanding the Cognitive-Behavioral Tradition*, edited by S. C. Hayes, V. M. Follette, and M. M. Linehan. New York: Guilford.

Hebb, D. O. 1949. *The Organization of Behavior*. New York: Wiley.

Hecht, D. 2013. "The Neural Basis of Optimism and Pessimism." *Experimental Neurobiology* 22:173–199.

Heisler, L. K., L. Zhou, P. Bajwa, J. Hsu, and L. H. Tecott. 2007. "Serotonin 5–HT2c Receptors Regulate Anxiety-Like Behavior." *Genes, Brain, and Behavior* 6:491–496.

Hoffmann, P. 1997. "The Endorphin Hypothesis." In *Physical Activity and Mental Health*, edited by W. P. Morgan. Washington, DC: Taylor and Francis.

Jacobson, E. 1938. *Progressive Relaxation*. Chicago: University of Chicago Press.

Jeffries, K. J., J. B. Fritz, and A. R. Braun. 2003. "Words in Melody: An H215O PET Study of Brain Activation During Singing and Speaking." *NeuroReport* 14:749–754.

Jerath, R., V. A. Barnes, D. Dillard-Wright, S. Jerath, and B. Hamilton. 2012. "Dynamic Change of Awareness During Meditation Techniques: Neural and Physiological Correlates." *Frontiers in Human Science* 6:1–4.

Johnsgard, K. W. 2004. *Conquering Depression and Anxiety Through Exercise*. Amherst, NY: Prometheus Books.

Kalyani, B. G., G. Venkatasubramanian, R. Arasappa, N. P. Rao, S. V. Kalmady, R. V. Behere, H. Rao, M. K. Vasudev, and B. N. Gangadhar. 2011. "Neurohemodynamic Correlates of 'Om' Chanting: A Pilot Functional Magnetic Resonance Imaging Study." *International Journal of Yoga* 4:3–6.

Keller, J., J. B. Nitschke, T. Bhargava, P. J. Deldin, J. A. Gergen, G. A. Miller, and W. Heller. 2000. "Neuropsychological Differentiation of Depression and Anxiety." *Journal of Abnormal Psychology* 109:3–10.

Kessler, R. C., W. T. Chiu, O. Demler, and E. E. Walters. 2005. "Prevalence, Severity, and Comorbidity of 12-Month DSM-IV Disorders in the National Comorbidity Survey Replication (NCS-R)." *Archives of General Psychiatry* 62:617–627.

Kim, M. J., D. G. Gee, R. A. Loucks, F. C. Davis, and P. J. Whalen. 2011. "Anxiety Dissociates Dorsal and Ventral Medial Prefrontal Cortex Functional Connectivity with the Amygdala at Rest." *Cerebral Cortex* 21:1667–1673.

Kuhn, S., C. Kaufmann, D. Simon, T. Endrass, J. Gallinat, and N. Kathmann. 2013. "Reduced Thickness of Anterior Cingulate Cortex in Obsessive-Compulsive Disorder."

Cortex 49:2178–2185.

LeDoux, J. E. 1996. *The Emotional Brain: The Mysterious Underpinnings of Emotional Life*. New York. Simon and Schuster.

LeDoux, J. E. 2000. "Emotion Circuits in the Brain." *Annual Review of Neuroscience* 23:155–184.

LeDoux, J. E. 2002. *Synaptic Self: How Our Brains Become Who We Are*. New York: Viking.

LeDoux, J. E., and J. M. Gorman. 2001. "A Call to Action: Overcoming Anxiety Through Active Coping." *American Journal of Psychiatry* 158:1953–1955.

LeDoux, J. E., and D. Schiller. 2009. "The Human Amygdala: Insights from Other Animals." In *The Human Amygdala*, edited by P. J. Whalen and E. A. Phelps. New York: Guilford.

Leknes, S., M. Lee, C. Berna, J. Andersson, and I. Tracey. 2011. "Relief as a Reward: Hedonic and Neural Responses to Safety from Pain." *PLoS One* 6:e17870.

Linden, D. E. 2006. "How Psychotherapy Changes the Brain: The Contribution of Functional Neuroimaging." *Molecular Psychiatry* 11:528–538.

Lubbock, J. 2004. *The Use of Life*. New York: Adamant Media Corporation.

Maron, M., J. M. Hettema, and J. Shlik. 2010. "Advances in Molecular Genetics of Panic Disorder." *Molecular Psychiatry* 15:681–701.

McRae, K., J. J. Gross, J. Weber, E. R. Robertson, P. Sokol-Hessner, R. D. Ray, J. D. Gabrieli, and K. N. Ochsner. 2012. "The Development of Emotion Regulation: An fMRI Study of Cognitive Reappraisal in Children, Adolescents, and Young Adults." *Social Cognitive and Affective Neuroscience* 7:11–22.

Menzies, L., S. R. Chamberlain, A. R. Laird, S. M. Thelen, B. J. Sahakian, and E. T. Bullmore. 2008. "Integrating Evidence from Neuroimaging and Neuropsychological Studies of Obsessive- Compulsive Disorder: The Orbitofronto-Striatal Model Revisited." *Neuroscience and Biobehavioral Reviews* 32:525–549.

Milham, M. P., A. C. Nugent, W. C. Drevets, D. P. Dickstein, E. Leibenluft, M. Ernst, D. Charney, and D. S. Pine. 2005. "Selective Reduction in Amygdala Volume in Pediatric Anxiety Disorders: A Voxel-Based Morphometry Investigation." *Biological Psychiatry* 57:961–966.

Molendijk, M. L., B. A. Bus, P. Spinhoven, B. W. Penninx, G. Kenis, J. Prickaertz, R. C. Voshaar, and B. M. Elzinga. 2011. "Serum Levels of Brain-Derived Neurotrophic Factor in Major Depressive Disorder: State-Trait Issues, Clinical Features, and Pharmacological Treatment." *Molecular Psychiatry* 6:1088–1095.

Nitschke, J. B., W. Heller, and G. A. Miller. 2000. "Anxiety, Stress, and Cortical Brain Function." In The Neuropsychology of Emotion, edited by J. C. Borod. New York: Oxford University Press.Nolen-Hoeksema, S. 2000. "The Role of Rumination in Depressive Disorders and Mixed Anxiety/Depressive Symptoms." *Journal of Abnormal*

Psychology 109:504–511.

Ochsner, K. N., R. R. Ray, B. Hughes, K. McRae, J. C. Cooper, J. Weber, J. D. E. Gabrieli, and J. J. Gross. 2009. "Bottom-Up andTop-Down Processes in Emotion Generation." *Association for Psychological Science* 20:1322–1331.

Ohman, A. 2007. "Face the Beast and Fear the Face: Animal and Social Fears as Prototypes for Evolutionary Analyses of Emotion." *Psychophysiology* 23:125–145.

Ohman, A., and S. Mineka. 2001. "Fears, Phobias, and Preparedness: Toward an Evolved Module of Fear and Fear Learning." *Psychological Review* 108:483–522.

Olsson, A., K. I. Nearing, and E. A. Phelps. 2007. "Learning Fears by Observing Others: The Neural Systems of Social Fear Transmission." *Social Cognitive and Affective Neuroscience* 2:3–11.

Papousek, I., G. Schulter, and B. Lang. 2009. "Effects of Emotionally Contagious Films on Changes in Hemisphere Specific Cognitive Performance." *Emotion* 9:510–519.

Pascual-Leone, A., A. Amedi, F. Fregni, and L. B. Merabet. 2005. "The Plastic Human Brain Cortex." *Annual Review of Neuroscience* 28:377–401.

Pascual-Leone, A., and R. Hamilton. 2001. "The Metamodal Organization of the Brain." *Progress in Brain Research* 134:427–445.

Peters, M. L., I. K. Flink, K. Boersma, and S. J. Linton. 2010. "Manipulating Optimism: Can Imagining a Best Possible Self Be Used to Increase Positive Future Expectancies?" *Journal of Positive Psychology* 5:204–211.

Petruzzello, S. J., and D. M. Landers. 1994. "State Anxiety Reduction and Exercise: Does Hemispheric Activation Reflect Such Changes?" *Medicine and Science in Sports and Exercise* 26:1028–1035.

Petruzzello, S. J., D. M. Landers, B. D. Hatfield, K. A. Kubitz, and W. Salazar. 1991. "A Meta-analysis on the Anxiety-Reducing Effects of Acute and Chronic Exercise: Outcomes and Mechanisms." *Sports Medicine* 11:143–182.

Phelps, E. A. 2009. "The Human Amygdala and the Control of Fear." In *The Human Amygdala*, edited by P. J. Whalen and E. A. Phelps. New York: Guilford.

Phelps, E. A., M. R. Delgado, K. I. Nearing, and J. E. LeDoux. 2004. "Extinction Learning in Humans: Role of the Amygdala and vmPFC." *Neuron* 43:897–905.

Ping, L., L. Su-Fang, H. Hai-Ying, D. Zhange-Ye, L. Jia, G. Zhi-Hua, X. Hong-Fang, Z. Yu-Feng, and L. Zhan-Jiang. 2013. "Abnormal Spontaneous Neural Activity in Obsessive-Compulsive Disorder: A Resting-State Functional Magnetic Resonance Imaging Study." *PLoS One* 8:1–9.

Pulcu, E., K. Lythe, R. Elliott, S. Green, J. Moll, J. F. Deakin, and R. Zahn. 2014. "Increased Amygdala Response to Shame in Remitted Major Depressive Disorder." *PLoS One* 9(1):e86900.

Quirk, G. J., J. C. Repa, and J. E. LeDoux. 1995. "Fear Conditioning Enhances Short-

Latency Auditory Responses of Lateral Amygdala Neurons: Parallel Recordings in the Freely Behaving Rat." *Neuron* 15:1029–1039.

Rimmele, U., B. C. Zellweger, B. Marti, R. Seiler, C. Mohiyeddini, U. Ehlert, and M. Heinrichs. 2007. "Trained Men Show Lower Cortisol, Heart Rate, and Psychological Responses to Psychosocial Stress Compared with Untrained Men." *Psychoneuroendocrinology* 32:627–635.

Sapolsky, R. M. 1998. *Why Zebras Don't Get Ulcers: An Updated Guide to Stress, Stress-Related Diseases, and Coping*. New York: W. H. Freeman.

Schmolesky, M. T., D. L. Webb, and R. A. Hansen. 2013. "The Effects of Aerobic Exercise Intensity and Duration on Levels of Brain-Derived Neurotrophic Factor in Healthy Men." *Journal of Sports Science and Medicine* 12: 502–511.

Schwartz, J. M., and S. Begley. 2003. *The Mind and the Brain: Neuroplasticity and the Power of Mental Force*. New York: Harper Collins.

Sharot, T. 2011. "The Optimism Bias." *Current Biology* 21:R941–R945.

Sharot, T., M. Guitart-Masip, C. W. Korn, R. Chowdhury, and R. J. Dolan. 2012. "How Dopamine Enhances an Optimism Bias in Humans." *Current Biology* 22:1477–1481.

Shiotani H., Y. Umegaki, M. Tanaka, M. Kimura, and H. Ando. 2009. "Effects of Aerobic Exercise on the Circadian Rhythm of Heart Rate and Blood Pressure." *Chronobiology International* 26:1636–1646.

Silton R. L., W. Heller, A. S. Engels, D. N. Towers, J. M. Spielberg, J. C. Edgar, et al. 2011. "Depression and Anxious Apprehension Distinguish Frontocingulate Cortical Activity During Top- Down Attentional Control." *Journal of Abnormal Psychology* 120:272–285.

Taub, E., G. Uswatte, D. K. King, D. Morris, J. E. Crago, and A. Chatterjee. 2006. "A Placebo-Controlled Trial of Constraint- Induced Movement Therapy for Upper Extremity After Stroke." *Stroke* 37:1045–1049.

Van der Helm, E., J. Yao, S. Dutt, V. Rao, J. M. Salentin, and M. P. Walker. 2011. "REM Sleep Depotentiates Amygdala Activity to Previous Emotional Experiences." *Current Biology* 21: 2029–2032.

Verduyn, P., I. Van Mechelen, and F. Tuerlinckx. 2011. "The Relation Between Event Processing and the Duration of Emotional Experience." *Emotion* 11:20–28.

Walsh, R., and L. Shapiro. 2006. "The Meeting of Meditative Disciplines and Western Psychology: A Mutually Enriching Dialogue." *American Psychologist* 61:227–239.

Warm, J. S., G. Matthews, and R. Parasuraman. 2009. "Cerebral Hemodynamics and Vigilance Performance." *Military Psychology* 21:75–100.

Wegner, D., D. Schneider, S. Carter, and T. White. 1987. "Paradoxical Effects of Thought Suppression." *Journal of Personality and Social Psychology* 53:5–13.

Wilkinson, P. O., and I. M. Goodyer. 2008. "The Effects of Cognitive- Behaviour Therapy on Mood-Related Ruminative Response Style in Depressed Adolescents." *Child and Adolescent Psychiatry and Mental Health* 2:3–13.

Wilson, R. 2009. *Don't Panic: Taking Control of Anxiety Attacks*, 3rd ed. New York: Harper Perennial.

Wolitzky-Taylor, K. B., J. D. Horowitz, M. B. Powers, and M. J. Telch. 2008. "Psychological Approaches in the Treatment of Specific Phobias: A Meta-analysis." *Clinical Psychology Review* 28:1021–1037.

Yoo, S., N. Gujar, P. Hu, F. A. Jolesz, and M. P. Walker. 2007. "The Human Emotional Brain Without Sleep: A Prefrontal Amygdala Disconnect." *Current Biology* 17:877–878.

Zeidan, F., K. T. Martucci, R. A. Kraft, J. G. McHaffie, and R. C. Coghill. 2013. "Neural Correlates of Mindfulness Meditation– Related Anxiety Relief." *Social Cognitive and Affective Neuroscience* 9:751–759.

Zurowski, B., A. Kordon, W. Weber-Fahr, U. Voderholzer, A. K. Kuelz, T. Freyer, K. Wahl, C. Buchel, and F. Hohagen. 2012. "Relevance of Orbitofrontal Neurochemistry for the Outcome of Cognitive-Behavioural Therapy in Patients with Obsessive- Compulsive Disorder." *European Archives of Psychiatry and Clinical Neuroscience* 262:617–624.

불안에서 벗어나는 가장 확실한 방법

우리는 살면서 갖가지 불안함을 경험한다. 엘리베이터 타기를 무서워하는 사람(이 책 속의 사례 47), 비행기 여행을 싫어하는 사람(사례 53), 사람들 많이 모인 광장에 나가거나 여러 사람을 상대로 대중 연설을 하려면 온몸이 떨리는 사람(사례 16, 41, 49), 자기 손이 더럽다고 생각하여 하루에도 수십 번 손을 씻는 사람(사례 9), 이 책에서는 소개되지 않았으나, 심지어 계단을 올라가는 것을 두려워하는 사람도 있다. 특히 맨 마지막 사례는 올라가는 동작을 두려워하는 것이 아니라, 계단의 테두리를 밟지 않고 반드시 정중앙만 밟으며 올라가야 한다는 강박이 있어서 한 번이라도 실수하여 테두리를 밟으면 매번 계단 맨 밑에서부터 다시 시작해야 하므로 그 과정이 지루할 정도로 반복되어 마침내 계단 올라가기를 포기한다.

이들은 보통 사람 같으면 불안을 느낄 이유가 없는 곳에서 불안을 느낀다. 그렇다면 이런 불안 증세가 있는 사람은 어떻게 해야 할까? 타고난 고질병이니 그저 수동적으로 끌려다녀야만 할까? 생활 속 여러 불안을 극복하지 못하면 일상생활은 긴장과 절망의 연속이고 매일의 소소한 행복을 누릴 수 없을 것이다.

이렇게 극단적인 사례는 아니더라도 현대인은 모두 나름대로 불안의 트리거(촉발 요인)를 안고 살아간다. 그 불안을 이겨보려고 마음먹다가도 그것이 얼마나 힘든 싸움이 될 것인지 지레짐작하며 제 풀에 포기할 때가 많다. 그러면서도 마음속 불안과 일대일 대결을 펼쳐 이기고 싶은 꿈과 동경을 속 깊이 간직하고 있다. 이 책은 그런 꿈을 한번 실천해보라면서 여러 구체적인 방법을 제시한다.

저자들은 일상의 사소한 행복을 방해하는 불안들이 어떤 식으로 우리를 공격하는지 보여주는 구체적인 사례 80개를 제시한다. 독자들에게는 그중에서 자신에게 해당하는 것에 집중하면서 나름의 불안 대처 방법을 익히라고 주문한다. 특히 〈사례 1〉은 중요한 에피소드로, 뇌 조직인 대뇌피질과 편도체의 기능과 반응을 핵심적으로 요약한 사례다. 대뇌피질은 머릿속에서 각종 생각과 이미지로 불안을 만들어내고, 편도체는 어떤 위험 앞에서 우리 신체를 보호하기 위해 자동으로 위험에 반응하며 개입하는 조직이다. 불안은 이처럼 피질과 편도체라는 두 개의 통로에서 생기는데, 피질의 사고 작용이 만들어내는 대표적 불안 증세는 강박증이고, 편도체발 불안은 공황발작이다. 따라서 이 두 불안 통로를 잘 이해하고 그에 알맞게 반응하는 것이 불안 극복에서 무엇보다 중요하다.

이 책은 그런 불안 증세를 만들어내는 뇌 구조를 먼저 설명한 다음에, 피질과 편도체 반응에 대처하는 구체적인 방법을 제시한다. 전자(피질)는 인지 융합이라는 개념을 이해하고 생각을 바꿈으로써, 후자(편도체)는 근육 이완이나 명상 요법으로 불안을 충분히 다스린다는 것이다.

인지 융합은 자기 생각이나 이미지를 엉뚱한 현실과 일치시키는 것을 말한다. 가령 홍길동은 나에 대해 아무런 감정이 없는데 "홍길동은 나를 싫어하는가 봐"라고 생각하며 부담스러워하고 피하는 것을 말한다. 이 융합의 문제점은, 그런 생각으로 홍길동을 대할 때 은연 중 그것이 겉으로 드러나 홍길동이 마침내 나를 싫어하게 되는 곤란한 상황을 만들어내는 것이다. 또 근육 이완 요법은 평소의 가벼운 운동으로 해낼 수 있고, 명상 요법은 최근에 유행하는 멍 때리기 방식과 비슷한 것으로 내 마음에 들어앉은 불유쾌한 감정 기억을 정면으로 인식하면서 그것을 서서히 지워내는 치유 방법이다.

앞서 말했듯, 피질발 불안의 대표 사례는 강박증인데 이 증세로 고생하는 사람은 머릿속에 집요하게 떠오르는 생각을 떨쳐내지 못한다. 그 생각을 소거하려면 먼저 서로 불필요하게 연결된 두 가지 사항, 즉 "홍길동=나를 싫어함"의 연결 고리를 끊어야 한다. 이 불안을 일으키는 생각을 즐거움이나 기쁨을 주는 생각으로 대체해야 한다. 이를 위해 인지 융합 상태 깨닫기, 생각 대체하기, 그냥 놔두기 등의 훈련이 필요하다.

이 극복 훈련 과정에서 강박증 환자를 방해하는 것이 편도체발 불안이다. 이 불안은 '감정 기억'이라고 하여 편도체에 깊숙이 보관되어 있는데, 강박증 환자는 엉뚱한 생각과 감정 기억이 서로 연결되어 환자에게 심대한 고통을 주는 것이다. 가령, 홍길동이 나한테 무슨 일을 해서 그랬는지는 잘 기억나지 않지만 홍길동만 보면(생각하면) 기분이 나빠지는 이유가 여기에 있다. 이 감정 기억은 피질의 사고 작용을 무시하고 곧바로 튀어나오기 때문에, 강박증으로 고생하는 사람은 피질뿐만 아니라 편도체도 잘 다스려야 한다.

여기서 이 책의 〈사례 1〉를 가져와 이 둘의 상관관계를 설명해보겠다.

사례1

어느 날 당신이 차를 몰고 출근길에 올라 신나게 고속도로를 달리고 있는데 마음 한편에 덜컥 의심이 난다. 집에서 난로를 끄고 나왔는지 갑자기 헷갈리는 것이다. 마음속으로 이른 아침부터 지금까지 어떻게 시간을 보냈는지 복기해보지만, 확실히 껐는지 여전히 분명하지 않다. 평소와 마찬가지로 껐을 가능성이 높지만, 그게 아니라면? 불붙은 난로 이미지가 갑자기 머리에 떠오르면서 불안은 커지기 시작한다.

바로 그때 앞차 운전자가 급하게 브레이크를 밟는다. 당신은 본능적으로 핸들을 꽉 움켜쥐면서 브레이크를 세게 밟아 가까스로 추돌을 피한다. 온몸이 치솟는 에너지로 긴장하고 심장은 미친 듯 쿵쿵거리지만, 위급 상황에 제때 반응해서 달라진 건 없다. 당신은 깊은 안도의 한숨을 내쉰다. 큰일 날 뻔했다!

이 사례에서 난로 끄기와 앞차와의 충돌 피하기라는 두 가지 에피소드가 제시되었는데, 이것을 홍길동 강박증에 연결해보자.

1) 홍길동 생각을 하기 싫은데 자꾸 홍길동 생각이 난다.

2) 홍길동만 생각하면 무조건 기분이 나빠진다.

앞의 1)은 난로불을 껐는지 자꾸 생각나는 것(피질 작용으로 같은 생각을 반복하는 것)과 비슷하고, 뒤의 2)는 앞차를 보고 브레이크를 밟는 것(감정 기억이 자동으로 튀어나오는 것)과 비슷하다. 단지 홍길동 강박증의 경우는 이 1)과 2), 즉 피질과 편도체 작용이 동시에 이루어진다. 우리가 느끼는 불안이 결국 이 1)과 2)의 결합이다.

그러나 강박증 환자의 홍길동에 대한 생각은 홍길동의 실제 모습이나 생각과는 무관할 때가 많다. 그러니 먼저 자기 생각과 외부 현실 사이에 이런 엄연한 차이가 있음을 깨달아야 한다(사례 71~73). 또한, 강박증 환자는 보통 끔찍한 일을 상상하거나 부정적인 시나리오 예상에 아주 능하다(사례 8). 실제로 무척 창의적이고 상상력이 뛰어난 사람들도 이런 기질 때문에 불안에 더 쉽게 노출된다. 예술가나 소설가나 음악가 중 많은 사람이 불안 증세로 고생하는 것은 이런 두 뇌 구조 때문이다. 그들이 자신의 삶에 관해 생각하고 사건을 상상하는 방식이 평소 편도체에 자극을 주어 그 기능을 활성화하고 이것이 불안으로 이어지는 것이다. 불안이 심하면 우울증, 건강염려증, 비관주의 그리고 온갖 부정적인 결과로 이어지는데 유독 예술가 중에서 그런 사례가 많은 것도 그들의 뇌가 만들어낸 결과인 것이다.

공저자는 피질과 편도체 작용을 잘 보여주는 80개의 구체적 사례 이외에도, 충동 증세, 완벽주의, 미리 근심 걱정하는 버릇 등 여러 가지 심리 상태의 체크리스트를 제시하여 독자들이 과연 자신이 완벽주의자인지, 근심 걱정하는 노파심의 소유자인지, 강박적 행동을 하는 건강염려증 환자인지, 사소한 일을 가지고 최악을 상상하는 침소봉대 주의자인지 스스로 체크해보라고 권한다. 이런 여러 불안 리스트를 읽으면 세상에는 소소한 불안으로 고생하는 사람이 많다는

불안할 땐 뇌과학

것을 알게 되어 그 자체로 상당한 위안을 얻게 된다. 그리하여 "우리 앞에서 이미 이 길을 걸어간 사람들이 많다"라는 사실을 상기하면서 불안 극복 의욕이 생긴다.

공저자는 야생의 말(불안)을 길들이려면 아무리 여러 번 말에서 떨어지더라도 결국 그 말에 다시 올라타야 한다는 카우보이의 수칙을 상기시킨다. 가령 롤링 스톤스의 어떤 노래를 들으면 불안을 느낀다는 여자(사례 25), 특정 비누 냄새를 맡으면 공황 증세를 느낀다는 제대 군인(사례 27), 자동차 조수석에 앉으면 불안하여 안절부절하지 못한다는 사람(사례 20) 등은 결국 롤링스톤스 음악, 비누 냄새, 조수석 앉기에 노출하는 훈련을 해야만 비로소 극복할 수 있다. 편도체발 공황발작도 마찬가지여서, 그 상황에 대한 점진적 노출 기법을 사용함으로써 얼마든지 극복할 수 있다. 그리하여 이 책이 주장하는바, 당신의 심리를 잘 알면 마음에서 생긴 불안을 충분히 다스릴 수 있다는 말이 진실이라는 것을 깨닫게 된다.

이 책은 추상적인 격려와 현학적인 이론으로 독자를 위로하는 것이 아니라 실제로 불안을 완화하거나 해소할 수 있는 구체적 방법을 제시한다. 게다가 난해한 심리학 용어를 동원해 모호한 개념을 소개하거나 장기간 훈련이 필요한 것도 아니다. 누구나 집에서 간단히 해볼 수 있고 의지만 있으면 언제 어디서라도 시작할 수 있는 유용한 팁이 가득하다. 생활 속에서 가벼운 불안을 지속해서 느끼는 사람이라면 유익한 정보를 많이 얻을 수 있는 좋은 책이다.

불안할 땐 뇌과학

1판 1쇄 발행 2023년 9월 1일
1판 5쇄 발행 2024년 9월 30일

지은이 캐서린 피트먼, 엘리자베스 칼
옮긴이 이종인
발행인 박명곤   **CEO** 박지성   **CFO** 김영은
기획편집1팀 채대광, 김준원, 이승미, 김윤아, 이상지
기획편집2팀 박일귀, 이은빈, 강민형, 이지은, 박고은
디자인팀 구경표, 유채민, 임지선
마케팅팀 임우열, 김은지, 전상미, 이호, 최고은

펴낸곳 (주)현대지성
출판등록 제406-2014-000124호
전화 070-7791-2136 **팩스** 0303-3444-2136
주소 서울시 강서구 마곡중앙6로 40, 장흥빌딩 10층
홈페이지 www.hdjisung.com **이메일** support@hdjisung.com
제작처 영신사

ⓒ 현대지성 2023

"Curious and Creative people make Inspiring Contents"
현대지성은 여러분의 의견 하나하나를 소중히 받고 있습니다.
원고 투고, 오탈자 제보, 제휴 제안은 support@hdjisung.com으로 보내 주세요.

현대지성 홈페이지

이 책을 만든 사람들
기획·편집 채대광   **디자인** 임지선